包装技术与测试

主　编　谢俊磊　张有峰

副主编　张　彬　刘鹏安　徐建国

参　编　邓振伟　高　萌　李　超　张怀智

王小巍　李惠明　魏　晗　化徐勇

吕向群　罗晶慧　谷智国　王　彬

王　浩　肖友霖　肖惟仁

华中科技大学出版社

中国·武汉

内 容 提 要

本书从常用包装材料和包装技术入手，介绍了包装信息识别与采集技术、包装材料测试、运输包装件试验方法以及危险货物包装性能试验，可为包装工程领域相关从业人员了解包装材料、包装技术、包装信息识别与采集技术等基础知识，掌握包装材料测试、运输包装件试验方法以及危险货物包装性能试验奠定基础。本书内容由浅入深，在介绍包装材料、包装技术等知识的基础上，详细介绍了包装材料、包装容器测试方法和要求。

本书主要供包装工程领域的技术人员及管理人员使用，也可作为包装工程领域专业人员培训和专业院校辅助教材。

图书在版编目(CIP)数据

包装技术与测试/谢俊磊，张有峰主编. —武汉：华中科技大学出版社，2022.10
ISBN 978-7-5680-8470-3

Ⅰ.①包… Ⅱ.①谢… ②张… Ⅲ.①包装技术-检测 Ⅳ.①TB487

中国版本图书馆 CIP 数据核字(2022)第 173472 号

包装技术与测试 谢俊磊 张有峰 主编
Baozhuang Jishu yu Ceshi

策划编辑：张少奇
责任编辑：李梦阳
封面设计：原色设计
责任监印：周治超
出版发行：华中科技大学出版社(中国·武汉) 电话：(027)81321913
武汉市东湖新技术开发区华工科技园 邮编：430223
录 排：武汉市洪山区佳年华文印部
印 刷：武汉开心印印刷有限公司
开 本：787mm×1092mm 1/16
印 张：10
字 数：260 千字
版 次：2022 年 10 月第 1 版第 1 次印刷
定 价：39.80 元

前　言

包装是产品进入流通领域中必不可少的一道工序。产品包装质量主要取决于包装材料的性能、包装技术的工艺以及包装容器的性能。包装材料、包装技术以及包装测试是目前包装工程领域最为活跃的研究方向。随着材料技术、包装技术以及测试技术的创新和发展，除了传统的包装材料及包装技术以外，越来越多的新材料、新技术、新工艺、新标准被应用到包装工程领域，极大地促进了产品包装质量的提升，推动了包装行业的快速发展。

本书从常用包装材料和包装技术入手，介绍了包装信息识别与采集技术、包装材料测试、运输包装件试验方法以及危险货物包装性能试验，可为包装工程领域相关从业人员了解包装材料、包装技术、包装信息识别与采集技术等基础知识，掌握包装材料测试、运输包装件试验方法以及危险货物包装性能试验奠定基础。本书内容由浅入深，在介绍包装材料、包装技术等知识的基础上，详细介绍了包装材料、包装容器测试方法和要求。本书主要供包装工程领域的技术人员及管理人员使用，也可作为包装工程领域专业人员培训和专业院校辅助教材。

本书共分为六章。第一章为绪论，主要介绍包装技术、包装材料、包装测试的基础知识；第二章为包装材料与包装技术，主要阐述常用包装材料，包括纸类、塑料、金属、玻璃、陶瓷包装材料，以及防潮、防锈、防震、防氧、热成型、热收缩与拉伸包装技术；第三章为包装信息识别与采集技术，主要介绍了包装信息识别与采集技术的原理、分类，具体阐述了条码识别与信息采集、射频识别与信息采集技术等的原理、设备与应用；第四章为包装材料测试，主要介绍了纸类、塑料薄膜、缓冲包装材料测试的方法、步骤及要求；第五章为运输包装件试验方法，主要介绍运输包装件试验的一般要求及典型的试验方法；第六章为危险货物包装性能试验，主要介绍危险货物包装跌落试验、气密试验、液压试验、堆码试验、渗透性试验等的方法、步骤及要求。

本书在编写过程中参考了公开发表和出版的文献。在此，谨向本书所引用或参考的文献的所有著者表示敬意和谢意！

限于编者能力、水平和阅历，书中难免存在不妥和疏漏之处，恳请各位读者批评指正，以臻完善。

编　者

2022 年 4 月

目　　录

第一章　绪　　论

第一节　包装技术概述

从茹毛饮血的时代开始，原始人使用植物纤维、陶泥盛具、兽皮等器物存放或携带基本的生存物资，包装就一直伴随着人类的生命活动进程。到了人类社会形态初具规模，商品贸易活动日益增多之时，包装逐渐成为物质流通的必要条件和重要组成部分。

包装技术的进步以社会生产发展为动力，以科技、管理和设计等互相渗透、结合与发展为条件，以不断优化保护能力、提高流通效率为发展方向。钻研包装技术需要了解物理、化学、生物、心理、设计、印刷等诸多学科知识，故包装技术是一门交叉性与综合性很强的学科。

一、包装的基本概念

包装这一概念，随着社会的发展，一直在发生变化，以往普遍被认为是保护物品（或商品）质量与数量的一种工具，后来又在便于流通、分类与保管等方面新增了许多内涵。包装发展至今，已经与经济发展、科技进步和人类生活密切相关，在社会各方面活动中扮演着重要的角色。

在整个包装行业中，虽然未对包装提出统一的定义，世界各国也分别有不同的标准，但基本的含义大致相同：包装的主要作用是在从产品生产到使用全过程中的每一个环节，使内装物得到相应的保护，不影响其功能与效用；包装是在物流过程中，为了保证产品使用价值和价值完整顺畅的实现，而采用的具有一定功能的系统。

广义上，一切事物的外部形式都可称为“包装”，而在专业技术层面，国家标准中，包装是指在流通过程中保护产品、方便储运、促进销售，按一定技术方法而采用的容器、材料及辅助物等的总体名称，也指为了达到上述目的而采用容器、材料和辅助物的过程中施加一定技术方法等的操作活动。

二、包装的功能

产品的包装有多种功能，但都可以归纳为以下两种。

（一）为产品提供保护

为产品提供保护是包装最基础同时也是最核心的功能。防止内装物在生产、流通与使用的各个环节中受到损失。该功能大体可以分为两个方面：第一是数量上的，要求包装对内装物实现有效包裹、封闭、盛放，内外结构布局设计合理，使内装物有效地限制在包装空间内，要做到防遗失、防泄漏、防挥发、防盗等；第二是质量上的，包装需要在生产、流通期间保证所有的内装物以良好状态交付，通常需要针对不同的内装物的理化性质，做到防机械损伤、防潮、防污染及防微生物腐蚀，在某些场合还要防曝光、防氧化、防受热和受冷等。

另外，有些特殊内装物具有危害性，此时需要包装能够实现对内和对外的双重保护，在保护内装物的同时，能够有效防止相关人员和环境遭受危害。

（二）为管理、流通与使用提供便利

除了上文所述提供的基本的保护以外，包装的功能可再提升一个层次，它能使得物品的定期存储、分类管理和流通携带更加便利，主要体现在方便生产与装填、方便储存与运输、方便清点与陈列、方便启封与使用等诸多方面。现代工业体系下，产品无论是在产业链中层层转运，还是从生产到流通运输，在空间与时间上的跨度都非常大，包装是以上环节最直接的参与者，作为一个中间产业，包装也是生产厂家与用户之间的桥梁，因此包装的尺寸、重量、材质、形态都必须满足一定的要求，需要提供各方面的便利。

三、包装技术的选择与研发

包装技术的选择与研发是包装过程中一个至关重要的环节。包装技术是包装系统中的重要组成部分，它随着包装的发展而不断发展。包装技术涉及许多学科领域，加之产品品种繁多，性能复杂，要求又各不相同，不同的产品应有相应的包装。因此，包装技术的选择与研发应遵循科学、经济、牢固、美观和适用的原则，综合考虑各方面因素。

（一）内装物的各项性质

内装物是包装提供各种功能的根本依据，被包装物品“由内而外”地对包装提出要求，因其性质的不同而异，应根据内装物的物态、外形、结构、质量、强度、危险性、价值等选择包装技术，或研发具有特定需求的包装技术。在我们日常生活所见到的产品中，有固态的、液态的、气态的，有易碎、易燃、易爆或有毒的，有易生锈、易霉变、易腐烂的，有需防潮、隔氧的，有要求通气保鲜的，还有要求消毒灭菌的，等等。这些特点都是因被包装物品的性质不同而产生的。因此对内装物性质的了解应当是全方位的，如物理性质、化学性质和生理生化性质等，以及对温度、湿度、光照、空气、水分、冲击、振动以及生物影响等因素的适应性。只有充分了解被包装物品的性质，才能对包装技术进行合理的选择、开发和应用。

（二）流通过程中的环境条件

由于包装是产品从生产到使用之间所采取的一种技术手段，在流通过程中会遇到各种环境条件，并对产品带来不同的影响，这就需要用适当的包装技术来保证包装件免受这些外界环境影响而完好无损。这些外界环境对包装件的影响主要有以下几个方面。

（1）装卸作业的影响。产品在流通过程中，会伴随着多次装卸作业，装卸次数与作业方式都会对包装提出不同的要求。装卸次数越多，其对包装中的内装物的影响越频繁，需要充分关注所选包装技术的抗冲击、减振与耐疲劳性能。还要考虑不同装卸作业方式与条件，如人力装卸、机械装卸与自动化分拣，装卸作业方式不同，内装物在包装内的运动模式会显著不同，其活动范围以及随之产生的冲击力都有很大差别。

（2）运输中的影响。在产品运输过程中，所产生的振动、冲击、负荷、温度、湿度等变化，均

会对包装带来很大的影响。例如，铁路运输在急刹车时冲击力就较大；海上船舶运输会产生颠簸振动力和冲击力。

(3) 储存中的影响。一般产品在储存中都要堆集成一定高度，对下层包装的负荷较大，要通过试验来决定包装的耐压强度，以免包装件被压坏而造成产品的损坏。同时要考虑产品的储存期限和储存条件。在室内储存，要注意防水、防潮、防锈；在室外储存，要注意防雨、防雷、防太阳辐射等。

(4) 气象条件的影响。有的产品在高温时易于溶化，在低温时易于凝固，所以在包装时应采取绝热密封措施。对于遇湿易生霉、生锈、潮解，或遇干燥会变质的产品，在包装时，应考虑在包装工房安装空调，保持通风或包装密封。

此外，大气污染可造成产品腐蚀，大风可使堆放产品倒塌或受到冲击，雨水会使产品变质，光线照射会使产品变色、老化等。

第二节　包装材料分类与要求

包装材料是包装容器和构成产品包装所用材料的总称。一般包含物流包装、销售包装、印刷包装等有关材料及辅助包装材料，如纸、金属、塑料、玻璃、陶瓷、木材、漆器、竹与藤类、天然或化学纤维、复合材料等，也包括缓冲材料、涂料、黏合剂、捆扎用的绳和带、其他辅助材料等。对包装所用材料的研发是整个包装产业链中最活跃的领域。包装能否实现其作用，相当一部分因素取决于包装材料本身的性能。有关包装的新材料与新技术是每个包装企业与相关科研院所首选的研究方向。对环境不友好的包装材料，急需被取代。为满足新需求的包装材料正在开发，有的已初见成效。

一、包装材料的分类

可以从不同的角度对包装材料进行分类。包装材料按照所发挥的作用，可分为主要包装材料和辅助包装材料两个大类。主要包装材料是指用来制造包装容器的本体或包装物结构主体的材料；辅助包装材料是指装潢材料、黏合剂、封闭物和包装辅助物、封缄材和捆扎材等材料。而在实践中，通常要按照原材料种类或材料功能进行分类。

(一) 按照材料种类分类

按照材料种类进行分类是包装行业普遍采用的方法。包装材料主要可分为纸质材料，包括纸、纸板、瓦楞纸板、蜂窝纸板和纸浆模塑制品等；合成高分子材料，包括塑料、橡胶、黏合剂和涂料等；金属材料，包括钢铁、铝、锡和铅等；玻璃与陶瓷、木材、纤维与复合材料等。

上述材料中纸、塑料、金属、玻璃使用最普遍，用量也最大，业内通常将“纸、塑、金、玻”称为四大包装材料。

(二) 按照材料功能分类

(1) 阻隔性包装材料：包括气体阻隔型、湿气(水蒸气)阻隔型、香味阻隔型和光阻隔型等。

(2) 耐热包装材料：包括微波炉用包装材料、耐蒸煮塑料材料等。

(3) 选择渗透性包装材料：包括氧气选择渗透性、二氧化碳选择渗透性、水蒸气选择渗透性、挥发性气体选择渗透性包装材料等。

(4) 保鲜性包装材料：如既有缓熟保鲜功能又有抑菌功能的材料等。

(5) 导电性包装材料：包括抗静电包装材料、抗电磁波干扰包装材料等。

(6) 分解性包装材料：包括生物分解型、光分解型、热分解型包装材料等。

(7) 具有其他功能的包装材料。

近年来，随着人们对产品包装要求的不断提高，包装材料的功能要求也越来越多。除了上述一些功能外，根据学者对“功能”材料的定义，包装材料还包括防锈蚀包装材料、可食性包装材料、水溶性包装材料、环保性包装材料、绝缘性包装材料、阻燃性包装材料、无声(静音)性包装材料、耐化学药品性包装材料、热敏性包装材料、吸水保水性包装材料、吸油性包装材料、抗菌防虫性包装材料、生物适应性包装材料等。

上述材料又称为功能(性)包装材料。对它们的研究要涉及多种学科，大多数属于高新技术开发的新材料领域，也代表了当前新型包装材料的发展方向。

二、包装材料的要求

包装材料的性能涉及许多方面，从现代包装所具有的使用价值来看，所选包装材料应具有以下几个方面的性能。

(一) 保护性

良好的保护性是包装材料所应该具有的最基本的特性。包装材料要能很好地保护内装物，使产品安全顺利地到达用户手中。由于产品本身具有不同的特性，因此要求包装材料也有不同性能的保护性，如防潮性、防水性、耐酸性、耐碱性、耐蚀性、耐热性、耐寒性、透光性、透气性、防紫外线穿透性、耐油性、适应气温变化性、无毒、无异味、耐压性、抗震性以及具有一定的机械强度等。

(二) 易加工性

易加工性是指根据包装设计要求，容易加工成型，如易于加工成所需容器、形态结构等；或者易于包装、易于填充、易于封合，便于自动化操作，以适应大规模工业化生产的需要。总之，要适应生产制作工艺，以提高生产效率。

(三) 便利性

由包装材料制作的容器、外盒包装等，应该便于用户使用，不应该带来不必要的麻烦，尤其是不能有不安全的因素，应排除不必要的隐患。要便于取出、放进，便于开启与再封闭。所选材料要有耐久性，要处处以人为本，要设计周到，使用户在使用产品过程中感受到关爱。

(四) 美观性

包装材料本身具有不同的质感、色彩、肌理，具有一定的美观性，能产生较好的视觉效果，能满足用户的审美需求。设计师应充分利用包装材料本身所具有的美感，对其性能有所研究，对材料的透明度、表面光泽度、印刷适应性、吸墨性、耐磨性等有所了解，以便在进行包装视觉信息设计时能有效地利用好包装材料的美感。

（五）经济性

包装材料应取材方便、来源广泛、成本低廉。在包装设计中应经济合理地使用材料，尽量节省包装总体费用。在包装设计的合理性方面，应使包装结构更加科学、紧凑，不浪费，不追求浮夸。尽可能地做到既能满足包装的功能需求，又少用包装材料，从而节省成本。

（六）易回收性

包装材料要有利于环保和节约资源。应选用绿色包装材料，以便于回收、复用、再生、生物降解或重新利用，对环境友好。

总之，包装材料的各种性能是由材料本身所具有的特性和各种加工技术所赋予的。随着科学技术的发展，各种新材料、新技术、新工艺不断涌现，将有越来越多的新功能来满足日益增加的新产品包装需求。

第三节　包装测试的作用及分类

首先，包装是产品进入流通领域中必不可少的一道工序，是产品生产过程的重要组成部分。对产品进行合理包装是保证产品在运输、存储和装卸等流通过程中避免遭受机械物理损伤，确保其质量和功能正常而采取的必要措施。

测试技术是人类对客观世界认知和改造活动的基础，是一种科学研究的基本方法，推动着人类科学技术的进程不断向前。对此，通过对测试技术的应用，能够获得更多具有特殊价值的信息，从而完成对客观对象的状态、特征和内在规律的研究。包装测试技术便是在测试技术的基础之上，对包装这一专业方向加以细化，得到在包装行业领域内更具适应性、专业性的相关规范和标准。因此，包装测试技术属于测试技术的范畴，相关的技术理论与实践应用是在测试技术的基础上进行拓展的。

面对包装工程领域不断涌现的需求，包装测试技术应运而生，这是一门针对各类型包装材料、包装容器以及包装件相关性能进行分析的科学技术。对包装材料进行检验，测定包装容器的性能指标，以及评定某一类型包装件在流通的过程中，其性能参数是否达到相应标准是包装测试技术的目的。在对各类型包装材料、包装容器和包装件的性能测试与分析的过程中，还应对其测试的方法进行分类与归纳。

在对包装测试技术这一专业领域深入学习之前，需要了解和掌握相关测试技术知识：

（1）了解包装测试技术专业领域的国家标准和常用的典型标准；

（2）了解各种物理量的测试方法；

（3）了解各类型传感器的工作原理和性能；

（4）掌握常用显示记录仪器的原理和使用方法；

（5）掌握测试装置静态和动态特性的描述方法，其中包括动态特性的计算法和试验测定法，会选择相应的测试装置；

（6）掌握周期信号和非周期信号的频谱概念，了解随机信号的相关分析和谱估计理论，了解数字信号处理方法；

（7）了解各类型包装材料、包装容器和运输包装件的测试方法。

一、包装测试的作用

随着包装行业的迅猛发展,越来越多的企业和机构逐渐意识到包装对产品和设备的重要性,以及包装对产品和设备的宣传作用。可见,包装测试技术在保证包装质量方面具备不可替代的作用。通常情况下,在正式应用一种新的包装方案或优化后的包装方案之前都会进行许多相关测试,以便决定其能否被采用。

同时,包装测试是产品包装的测试,产品最终都将面向市场与用户,因此还需要考虑用户的视觉效果测试、使用者操作便利性测试、品牌形象宣传性测试等。这些都属于软性指标测试,其价值在于得到相应的反馈意见,从而为产品的生产方提供指导性建议,为后续的产品优化和包装测试技术优化起到关键作用。

因此,为了评定包装的好坏与结果,即在一定的流通条件下,检验包装件的防护性能是否良好,考察包装件可能存在的损坏以及研究其损坏原因和预防措施,检查包装件及所使用的包装材料、包装容器的性能是否符合有关标准、规定和法令,包装测试技术便要对上述问题进行相应的解决,这一解决过程也使得包装测试技术的作用更加明晰,进而可以概括为以下三个方面。

(一)预测包装性能,评价包装功能

在开展包装试验的过程中,涉及包装件性能的预测,以及包装材料、包装容器对内装物防护能力的评定。例如,在对物品采取防潮包装和保鲜包装的过程中,通常会采用复合塑料,因此,复合薄膜的相关指标特性是主要考虑因素,相关指标特性主要有透气性、透湿性、黏合强度、热封强度、抗针孔强度等,在整个包装过程中都需要对这些指标特性进行相应的测试分析。

又如,在运输包装系统的设计过程中,涉及多项材料及相应的力学参数指标,其中有缓冲材料或结构的静态压缩特性、蠕变与恢复特性、动态缓冲特性、振动传递特性,包装容器承载能力以及包装件的抗压、抗冲击、抗振动性能等。针对这些参数指标,需要进行精确的测试分析,才能使得最终的包装结果达到预期,符合相应的使用标准。

(二)控制包装制品和产品包装质量

通过上一个环节可以做到对包装性能的预测,从而得到包装系统设计或改进的相应方向,为后续包装结果满足所需的性能要求提供一定的基础。但这并非包装质量控制的全部,若要使得所生产的包装符合国家相关标准和行业规范,就必须令每一批或每一件出厂交货的包装制品在质量方面均能得到较好的控制。

例如,啤酒生产厂家在实现啤酒灌装工艺的过程中,需要对多项指标进行检测和分析,其中就包括气体压力、液体流量、灭菌温度等物理参数,进而控制这些参数并使其处在相应的指标范围内,最终使啤酒的包装质量得以保证。通常情况下,在包装质量控制环节,目前方法还不够多,可设计、可采用的包装测试项目较少,且相较其他环节试验方法仍略为简单。但质量控制环节要求试验速度快、结果明显,一般只需要得到合格或不合格这两种结果,有时也要求得到一个定量的结果。当前该环节整体的效果仍可满足系统设计的需求。

（三）获得包装改进信息

伴随着产品加工工艺的更新、周边流通环境的变化以及包装产品自身性能的改变，过往的包装特性可能已经无法满足新的使用需求，这便对包装测试系统提出了新的改进需求，使得包装测试系统能够适应新的环境。针对包装测试系统的改进可以分为以下三个方面：

(1) 增强包装的防护性能，减少流通过程中的包装破损；

(2) 减少部分不必要的包装功能，消除过包装或夸大包装，降低包装成本；

(3) 提高包装的适应性和通用性，使得其在不影响包装性能前提下，适用于不同材质和类型的产品。

针对以上情况，在满足相应需求的前提下，都应进行严格的包装测试，通过测试所得的结果，分析流通过程中包装可能产生的损坏，并研究损坏原因，从而采取相应的预防措施。

通过对以上环节进行总结，可以得到包装测试的目的及价值，主要体现在以下几个方面：

(1) 评估产品和设备被保护的性能，减少产品的货损，以及影响设备使用寿命的不利因素；

(2) 为产品的包装系统的设计与优化提供指导；

(3) 降低包装方案的总成本；

(4) 提升产品的品牌形象及用户的体验感。

由此可以看出，包装测试对包装系统设计与优化具有十分关键的作用。但不能仅将包装测试作为一个验证工具来应用，而是需要透过包装测试的结果，获取有利于包装方案优化的有效信息，这些信息能指导包装设计者对包装系统进行科学的优化，这样才能在真正意义上体现出包装测试在包装系统设计中的价值。

二、包装测试的分类

鉴于包装测试是包装工程领域中的一项专业技术，所覆盖的专业十分广泛，其中涉及多学科的交叉融合。例如，包装材料性能测试中，进行振动测试时，需要具备的专业知识就包括了周期信号和非周期信号频谱概念、随机信号的相关分析和谱估计理论、数字信号处理技术、测试装置静态特性和动态特性描述法等。因此，包装测试技术不仅要依靠一个相对稳定的学科基础体系，还应将所关联的多专业领域知识融会贯通，进而开发更精准、高效、智能的包装测试技术。下面对包装测试按照三个方向进行分类。

（一）按照测试目的分类

按照测试目的进行分类时，包装测试可分为对比测试、评价测试和探索测试三种类型。

1. 对比测试

对比测试一般是将两种方案进行比较，这里通常将新设计的包装方案与原包装方案进行对比测试。对比测试是一种简捷易操作的测验方法。在完成对比测试后，不但能够判断出新设计的包装方案相较于原方案是否具有先进性，还可以得到新设计的包装方案的性能指标及与原包装方案的性能指标的差异程度，进而得出新设计的包装方案的后续优化方向。

2. 评价测试

在测试过程中，根据实际工况及产品在流通过程中所经历的各种情况，对包装件、包装容器或包装材料进行环境模拟和条件模拟。根据测试结果，对包装件、包装容器或包装材料在流通过程及实际使用中可能发生的情况进行评价，最终完成对产品包装结果的预测。

3. 探索测试

探索测试是指通过对行业内包装材料或包装结构的研究现状进行分析和总结，来对一些现有的包装材料进行收集，并对已采用的包装结构进行归纳，然后开展相关性研究，进行某些试验。根据测试结果，找出性能优异者并将其应用于包装方案的设计。同时也可将探索测试与基础研究相结合，例如对某些包装材料或包装容器进行规定的性能测试，得到的测试结果具有一定的科学性和说明性。还可将测试结果应用于后续的基础研究和学科建设，供相关学生或从业人员参考和查阅。

（二）按照测试形式分类

按照测试形式进行分类时，包装测试可分为单项测试、多项测试和综合测试三种类型。该分类方法主要适用于包装件和包装容器。

1. 单项测试

在进行一系列包装测试试验时，可将整个流程分解，并只对某一项试验样品开展，其余项目保持条件不变，即采用相同的试验样品和测试强度，重复进行多次；也可以对相同的试验样品采用逐步提高测试强度的方法进行多次测试，进而得出相应规律的测试结果。在评价包装件和包装容器面对某一特定危害因素所具备的防护能力时，往往采用单项测试这一方法。在包装工程基础理论研究领域，通常将单项测试应用于包装材质相关特性研究，以及对某包装材料破损事故的原因分析。值得注意的是，进行单项测试时，要对测试环境的温度和湿度进行监测和调节。

2. 多项测试

多项测试是指在对一系列包装测试试验的整个流程进行分解后，对其中的若干项（包括综合测试）或全部测试项所进行的顺序测试。评价包装件在整个流通过程中所具备的防护能力往往需要通过多项测试来实现。在进行多项测试时，首先需要考虑到包装件在整个流通过程中可能出现的情况，具体到每个环节所遇到的危害因素及其对应的实际情况，进而再确定相应的测试项目。之后，根据危害因素出现的先后顺序，合理安排测试步骤，最终得出相应的测试结果以用于对包装系统进行分析。

3. 综合测试

多项测试在测试过程的单位时间内，只存在一种危害因素作用于包装件上，而两种或两种以上的危害因素同时作用于包装件上时，需要采用综合测试这一方法。针对两种或两种以上的危害因素同时作用于包装件上的情况，为了评价此时包装件所具备的防护能力，需要将综合测试运用在其中，如包装件的高温堆码测试、低温垂直冲击跌落测试和堆码振动测试等。得到的测试结果通常可以客观地反映包装件的综合防护性能。

（三）按照测试对象分类

按照测试对象进行分类时，包装测试可分为纸与纸板测试、塑料薄膜测试、包装容器测试、缓冲包装材料测试、运输包装件测试、危险货物包装件测试、托盘包装测试、集装箱包装测试等，下面将对这些测试方法进行简要介绍。

1. 纸与纸板测试

为了满足当前对包装材料“可循环、可降解、减量化”政策的需求，纸质材料逐渐成为我国产品包装的主要组成部分。纸与纸板测试涉及纸与纸板一般性能测试，主要分为纸质材料的试验样品采集与预处理，以及强度测试等方面，用于验证其性能参数是否符合国家标准，能否满足正常生产包装的需求。

2. 塑料薄膜测试

塑料薄膜通常指高分子合成材料，是我国重要的有机合成材料，其产品具有良好的物理性能和化学性能，并广泛应用于工业、建筑、农业、日用生活、电力、公共事业和包装工程等领域，特别是在包装工程领域中，塑料薄膜所具备的重量轻、耐腐蚀、力学性能好、易于加工印刷等特点使其成为特殊包装工况中的优选。在性能测试方面，通过对其透气性能、透湿性能、拉伸强度和直角撕裂强度等进行逐项测定，得到具体的参数后，便可以合理选择产品包装所需要的塑料薄膜。

3. 包装容器测试

包装容器测试主要是对各种材质的容器本身进行强度试验、刚度试验、耐药性试验和密封性试验等，以检测包装容器的各种包装功能。常用的包装容器有纸包装容器、玻璃包装容器、塑料包装容器、金属包装容器、复合材料包装容器以及木制包装容器等。针对包装容器的测试方法，不仅要了解各试验样品的选取及预处理方法，还应掌握实验设备的工作原理以及包装容器的国家标准，结合各类型材料的特点，制定不同的测试方案。

4. 缓冲包装材料测试

缓冲包装材料在产品流通过程中发挥着缓冲抗震，保护产品免受外力破坏的作用，因此常被用于产品的防护包装中。产品在运输、装卸、储存各环节中会受到各种跌落高度产生的冲击、振动、激扰等外力的作用，以及温度、湿度、光照辐射、盐雾侵蚀等各种环境因素的影响。而缓冲包装材料在这些环境条件下会发生缓冲性能变化，进而会影响到缓冲包装材料在这些环境条件下的可靠性与有效性。

在冲击及温度等因素影响下，缓冲包装材料的缓冲性能评价往往是建立在材料测试、数据统计和分析等缓冲特性试验的基础上的。目前常用的缓冲包装材料按照材质主要分为纸质类和塑料类，并且在现有的缓冲包装材料中，缓冲性能测试主要集中于可靠性测试，用以对缓冲包装材料进行客观的评价。可通过动态压缩试验用动态特性等指标来对材料进行评价。

5. 一般运输包装件测试

一般运输包装通常是指以运输、储存为主要目的的包装，应具有保障货物或设备运输安全、便于装卸储运、加速交接点验等功能。一般运输包装件还应确保在正常的流通过程中，能够不因环境条件的影响而出现破损、损坏等现象，保证货物或设备可以被安全、完整、迅速地运至目的地。因此，一般运输包装件所采用的包装材料、辅助材料和容器，均应符合国家标准与行业标准的相关规定。无相应标准的材料和容器应通过测试进行验证，从而证明其性能可以满足流通环境条件的要求。

针对一般运输包装件的测试的目的是验证其内部结构、工艺设计和包装缓冲设计是否满足物流环境条件的要求。同时，一般运输包装件在物流过程中受到的振动、冲击应力的水平不仅取决于物流环境条件，还取决于一般运输包装件的重量和包装形式。运输包装件的测试项目和参数需要根据包装件重量和包装形式设置。常用的测试项目有压力测试、跌落测试、冲击测试、碰撞测试和随机振动测试等。其中，压力测试还分为正常静压测试和错位静压测试，通过压力测试可得到包装件样品在不同放置情况下的参数，进而验证其综合性能是否满足使用需求。

6. 大型运输包装件测试

国家标准中，大型运输包装件是指其质量与体积需要机械装卸的运输包装件，而国外标准中还对大型运输包装件做出了特殊规定，即重量大于一定数值时，该运输包装件则应归类为大型运输包装件。因此，大型运输包装件在物流运输过程中常会采用机械搬运的方式。实际操作中，大型运输包装件在机械搬运过程中可能会受各方面因素或意外事件的影响，存在跌落的情况。所以，跌落是导致大型运输包装件发生破损最直接和最直观的危害。为此，则需要对大型运输包装件进行相应的测试，从而验证其是否达到基本的性能标准。

大型运输包装件主要采用的是跌落测试，其又分为面跌落测试、棱跌落测试和角跌落测试。针对棱跌落测试项目，需要将大型运输包装件样品按预定状态放置在标准规定的冲击台面上，提起样品一端至垫木或其他支撑物上，再提起样品另一端至预定高度，使其自由落下，产生冲击。通过这些测试项目，最终能够直观地评价该大型运输包装件样品的耐冲击强度，以及包装对内装物的保护能力。

7. 危险货物包装件测试

危险货物包装在保护人民财产安全、生命健康以及维护自然环境等方面，特别是在国民经济的可持续发展方面做出了一定的贡献。危险货物包装不仅要保证在运输储存过程中不因外部原因而损坏，还要确保在整个运输储存过程中对运输工具、参与人员和生态环境不造成伤害。因此，在危险货物包装过程中，需要鉴定和评价该包装方案能否保证危险货物在储运过程中不发生破损，会不会对生态环境造成污染和危害。

该测试要求在危险货物包装件流通过程中，测定其对各种负载的承受能力以及对内装物的保护能力。因为危险货物的种类较多，包括爆炸物、易燃物、有毒物和放射性物品等，一旦发生事故，后果不堪设想，所以危险货物包装件测试不同于普通包装件测试，其测试要求也高于普通包装件的测试要求。

除压缩气体、液化气体和放射性物品类的危险货物包装外，危险货物包装按结构强度和防护性能及内装物的危险程度通常分为 3 个等级：

（1）Ⅰ级包装：适用于内装危险性较大的危险货物；

（2）Ⅱ级包装：适用于内装危险性中等的危险货物；

（3）Ⅲ级包装：适用于内装危险性较小的危险货物。

8. 托盘包装测试

托盘包装一般是指将若干包装件或货物按照一定方式组合成一个独立搬运单元的集合包装方法。针对托盘包装的测试，首先要掌握托盘包装的特点，其特点主要有整体性能好，堆码整齐稳固，能够保证货物周转的安全性，且工作效率突出，可以大幅降低流通费用。

针对这些特点，通常需要对托盘包装进行抗弯测试、叉举测试、垫块或纵梁抗压测试、堆码测试、角跌落测试、剪切冲击测试等。测试目的是验证和评价托盘包装的抗弯、抗压、抗冲击强度等参数是否达到国家标准，且能否满足储运的基本要求。托盘包装测试项目由于多为破坏试验，因此对样品的需求量一般较大。

9. 集装箱包装测试

集装箱包装属于集成运输包装的范畴，集成运输包装又称组化运输包装，是指在单位运输包装的基础上，为适应运输、装卸工作的要求，将若干单件运输包装组合成一件大包装的方式。

这对于提高装卸效率、节省费用具有积极的意义。其中,集装箱是现代化运输包装的一种,始于20世纪初,并于20世纪50年代得到迅速发展,它既便于装卸、运输,又能有效地保护货物。当前,集装箱已成为国际陆海空运输装卸中最常见的一种运输包装。采用集装箱装货时,既可以整箱使用集装箱,也可以部分使用集装箱。前者称为整箱货(FCL),后者称为拼箱货(LCL)。

在集装箱包装测试过程中,通常需要对测试对象的各项参数进行跟踪和评价。在测试过程中,要对测试环境的温度、湿度和气压进行控制,常用的测试项目有静载荷堆码测试和跌落测试。这里,静载荷堆码测试要求将集装箱包装样品放置在一个平整的水平面上,并在其表面均匀施加载荷。施加的载荷、大气条件、承载时间以及测试对象的放置状态等指标是预先设定的。测试结束后要拆包装检查内装物的损坏程度,从而评判该集装箱包装方案的优劣。

第二章　包装材料与包装技术

产品包装质量主要取决于包装材料的性能以及包装技术的工艺。包装材料和包装技术是目前产品包装领域最为活跃的研究方向。随着包装材料的发展以及包装技术的创新，除了传统的包装材料及包装技术以外，越来越多的新材料、新技术被应用于包装领域，极大促进了产品包装质量的提升，推动了包装行业的发展。本章主要介绍目前常用包装材料及主要包装技术。

第一节　常用包装材料

包装材料是用于制造包装容器和构成产品包装的材料总称。它包括运输包装、销售包装、印刷包装等有关材料及包装辅助材料，如纸、金属、塑料、玻璃、陶瓷、木材、漆器、竹与野生藤草类、天然纤维与化学纤维、复合材料等，也包括缓冲材料、涂料、黏合剂、其他辅助材料等。包装质量在很大程度上取决于包装材料的性能。包装材料的分类方式很多，最主要的方式是按照材料的种类进行分类。

一、纸类包装

纸类包装及其制品是指以造纸纤维为主要原料制成的包装用材。纸类包装应用十分广泛，在民用和军用领域都有大量应用。

纸类包装的特点主要有：

(1) 原料丰富、价格低廉，易于大批量生产；

(2) 具有良好的成塑性和折叠性；

(3) 具有一定的强度和耐冲击性、耐摩擦性；

(4) 容易回收、再生。

但纸类包装也有一定的弱点，易受潮、易发脆，受到外力作用后易破裂等。在选择包装材料时，一定要充分发挥纸的特点，避免弱点。

作为包装材料，用于包装的纸类应具有强度大、含水率小、透气性低、无腐蚀性等特点，只有符合这些特点的纸质材料才能用于包装。目前用于包装的纸类主要有白卡纸、胶版纸、铜版纸、铸涂纸、中性包装纸、羊皮纸、牛皮纸、鸡皮纸、玻璃纸、纸袋纸、防锈纸以及包装用纸板等。

二、塑料包装

塑料包装材料是指将塑料制成各种形式的适宜商品包装的材料，如薄膜等，它与纸、木材、玻璃等包装材料相比，具有以下优点：透明度较好；具有一定物理强度，密度小；防潮、防水性能好;耐热、耐寒、耐油脂性能好;密封性高,适应多种气候环境。

塑料的种类很多,应用范围也日益广泛,但在通用的塑料包装中,仍以聚乙烯、聚丙烯等为主。

塑料包装分类方法主要有以下四种,分别为按照塑料的物理化学性能分类、按照塑料用途分类、按照塑料成形方法分类、按照塑料包装制品形态分类。

其中,按照塑料包装制品形态分类是当前使用的主要分类方式,依该分类方式塑料包装可分为五大类,分别为塑料薄膜、中空容器、塑料箱体、泡沫塑料、塑料袋体。

此外,塑料包装还可按照使用程度分为一次性包装、再使用包装等;按照包装对象可分为药品包装、食品包装、纺织包装、液体包装、粉状物包装、器械包装、危险品包装等。

三、金属包装

金属是一种传统的包装材料,由于金属的优良特性和便于加工制造、工业化生产的特点,金属包装发展迅猛,以钢和铝合金为主要材料被广泛地应用于销售包装和运输包装。

金属材料具有质地坚硬、外观富有光泽、反光等特性。包装所用的金属材料主要有钢材和铝材。其形式为薄板和金属箔,薄板为刚性材料,金属箔为柔性材料。它们作为包装用材,有独特的优良特性。

金属包装材料的主要特点如下。

(1) 具有很好的物理性能:强度高、不易破损、不透气,能防潮、避光,便于贮存、携带、运输、装卸。

(2) 具有良好的延伸性:容易加工成型,制造工艺成熟,能连续自动生产,以及给钢板镀上锌、锡、铬等,能有效地提高抗锈能力。

(3) 具有较好的再生性:易于回收再利用,符合环保要求。

金属材料在包装的实际应用中也存在以下不足:应用成本高,能量消耗大,流通中易产生变形,化学稳定性低,易锈蚀等。

目前金属包装材料主要有低碳薄钢板、镀锌薄钢板、镀锡薄钢板、镀铬薄钢板以及包装用铝材。

四、玻璃包装

玻璃是一种透明而坚硬的固态物质,它是熔融物冷却凝固后所得到的非晶态无机材料,主要成分是二氧化硅。玻璃的隔热性能和耐蚀性能也较好,且具有一定的光学常数以及光谱特性等一系列重要光学性质。

作为包装材料,玻璃具有一系列优良的特性:透明性好,易于造型;保护性能优良,坚硬耐压;阻隔性、耐蚀性、耐热性和光学性能好;能够用多种成型和加工方法制成各种形状和大小的包装容器;原料丰富,价格低廉,可回收再利用。

玻璃作为一种包装材料还具有以下优点。

(1) 化学惰性好。对于大多数可用玻璃包装的物品,玻璃不会与之作用,安全性高。

(2) 阻隔性高。对水蒸气和气体完全隔绝,从而具有很好的保存性。

(3) 透明度高,且可制成有色玻璃。

(4) 刚性大。在流通过程中可保持形状不变,对内装物起到一定保护作用。

(5) 耐内部压力强。特别是对于内部压力较高的包装来说,耐内部压力是一种特别重要的性能。

(6) 耐热性好。在包装时需要耐高温的主要场合有:热灌装,在容器中烧煮或消毒杀菌,用蒸汽、热空气对容器进行消毒。而玻璃能耐高于 500 ℃的温度,能适用于任何包装场合。

同时,玻璃包装材料也存在一些缺点,如具有脆性,玻璃的抗冲击强度不大,当表面受到损伤或组成不均匀时会很严重。总体来说,玻璃包装材料存在以下几点问题。

(1) 抗冲击强度不高。当玻璃表面有损伤时,其抗冲击性能下降,容易破碎。另外,玻璃材料质量相对较大,会增大玻璃包装的运输费用。

(2) 不能承受内外温度的急剧变化。玻璃能够承受的表面与内部之间的最大急变温差为 32 ℃,在需要对玻璃内装物进行热加工(如灭菌及热灌装)的场合,为了减少对玻璃容器的热冲击、防止玻璃瓶破碎,要保证玻璃内外温度均匀上升。

(3) 玻璃熔制需在高温(1500～1600 ℃)下进行, 所以,玻璃生产需要耗费很多能源。

五、陶瓷包装

陶瓷是古老的包装容器之一,陶瓷包装的原材料丰富,成型工艺简单,价廉物美。经过彩釉装饰的瓷器,不但外观漂亮而且气密性高,增强了对内装物的保护作用。陶瓷材料以耐高温、高强度、多功能等优良性在包装领域得到广泛应用,尤其是伴随精细陶瓷技术的发展,陶瓷包装的性能特点也越来越凸显。精细陶瓷是指以精制的高纯度人工合成的无机化合物为原料,采用精密控制工艺烧结的高性能陶瓷,因此又称先进陶瓷或新型陶瓷。

1. 陶瓷包装材料的优点

从性能上讲,其优点很多,如耐蚀性好,能够抗氧化,抵抗酸、碱、盐的侵蚀;耐火、耐热、有断热性;物理强度高,化学性能稳定,成型后不会变形。

2. 陶瓷包装材料的缺点

陶瓷包装材料的缺点主要体现在以下 3 个方面:

(1) 成型与焙烧时伴随着不可避免的变形与收缩;

(2) 陶瓷容器生产多为间歇式生产,生产效率低;

(3) 陶瓷容器一般不可再回收复用,因此成本较高。

第二节　防潮包装技术

随着科学技术的飞速发展,货物包装的作用越来越明显,直接关系到运输流通安全、销售及产品的竞争力。目前,国家对包装技术的定义、范围和分类还没有统一的解释。根据一般的理解,包装技术是包装系统中一个重要的组成部分,是研究包装过程中所涉及的技术机理、原理、工艺过程和操作方法的总称。目前许多新技术、新工艺及新材料已被广泛应用于包装设计、包装工艺等。

防潮包装,指的是具有一定隔绝水蒸气能力的防湿材料包装。隔绝外界水汽变化对包装内部产品的影响,使包装内的湿度满足产品需求。水蒸气随天气、海拔等条件的变化而变化,且在一定条件下会凝结。为了防止产品从空气中吸湿受潮,常用的方法是采用防潮包装。当空气相对湿度小于产品吸湿点时，产品会出现脱湿现象，导致变质，同样可采用防潮包装。

一、常见的防潮包装材料

防潮包装材料的透湿度越小，防潮性能就越好。常用防潮包装材料有：金属、玻璃、石蜡纸、防潮玻璃纸、沥青防水纸、聚氯乙烯加工纸、铝塑复合防潮纸、聚乙烯加工纸、防潮瓦楞纸板等。在防潮包装材料表面涂覆具有防潮性的化学品的目的是改善防潮效果，如聚酰胺树脂、沥青、乳胶、碳酰胺树脂、石蜡等，所以具有防潮性的化学品对防潮包装材料的功能特性和环境性能有一定影响。

（一）塑料薄膜袋

目前市场上用的塑料薄膜防潮材料有聚偏二氯乙烯（PVDC）、聚丙烯（PP）、高密度聚乙烯（HDPE）、中密度聚乙烯（MDPE）、低密度聚乙烯（LDPE）、线型低密度聚乙烯（LLDPE）、聚对苯二甲酸乙二酯（PET）、离子型聚合物、聚氯乙烯（PVC）、乙烯-乙酸乙烯酯共聚物（EVA）等，相比之下，PVDC、PP、HDPE 湿气阻隔性最佳；其次是 MDPE、LDPE、LLDPE、PET、离子型聚合物；PVC 和 EVA 也具有一定的湿气阻隔性。另外，尼龙、聚苯乙烯、丙烯腈共聚物、聚乙烯醇等的阻湿性不太好。

（二）金属或玻璃包装

金属或玻璃包装材料本身的透湿度非常小，防潮时，唯一薄弱环节是封口及接缝卷边处。为了强化薄弱环节，可以采取一些措施，例如，为确保玻璃瓶盖的密封，可以在盖外再封一层纤维素薄膜、涂蜡或用热收缩薄膜封包；也可以在瓶口先用直插式塑料空心塞或软木塞，再封外盖。金属罐盖或玻璃瓶的四旋盖等可施涂液态高分子密封胶，使在封合处形成弹性膜，以提高密封度。

（三）复合薄膜袋

在包装设计时，常需综合考虑对水蒸气、氧气、二氧化碳、香气的阻隔性，对油脂和溶剂的抗耐性及机械强度等，即根据产品对防护性的不同要求采用多功能复合材料。

在复合材料设计时，应根据产品对防护性的要求和成本等选用内封层、阻气层、阻湿层、结构层等。如果复合材料中含有聚乙烯醇缩乙醛（PVA）、乙烯-乙烯醇共聚物（EVOH）、尼龙等，虽然它们都有极佳的气体阻隔性，但是它们的阻隔性随环境湿度的增大而明显降低。这是因为水分子渗透到它们的内部后会与羟基或酰胺基形成氢键，造成主链松弛，使阻隔性降低。所以，用上述塑料作复合材料的阻隔层时，如果它们所处的环境湿度较大，则应将它们夹在高阻湿层之间，或用高阻湿层与高湿环境隔开，如磷脂酰乙醇胺（PE）/EVOH/PE 等。为确保复合材料的封缄可靠，应选择热封性能良好的内层，如 PE、离子型聚合物、PP、EVA、PVC 等，其中，离子型聚合物在袋口稍有污染的情况下仍能密封。

（四）其他防潮包装材料

聚乙烯加工纸，由牛皮纸和高密度聚乙烯或低密度聚乙烯复合而成。其不仅具有牛皮纸的坚实特性，还具有聚乙烯材料的优越介电性、耐潮性、良好机械强度和抗冲击性，在低温时仍能保持柔软及化学稳定性，能抵抗一定浓度及温度的酸类、碱类、盐类溶液及各种有机溶剂的腐蚀作用。聚乙烯加工纸，特别是高密度聚乙烯加工纸是一种优良的高级防潮包装材料，其防潮性能比聚氯乙烯加工纸和沥青纸的都要好。

瓦楞纸板是在包装领域应用最广的一种纸板，特别是在商品包装上，可以用来代替木板箱和金属箱。这种瓦楞纸板具有较高的防潮性能，其强度比未经浸渍的纸板的高很多。近年来，由于合成树脂的发展，出现了一种钙塑瓦楞纸板，其可以克服瓦楞纸板的一些缺点。它具有防潮、防雨、强度高等特点，且材料来源丰富，应用越来越广泛。钙塑瓦楞纸板是指加有钙化物填料的塑料纸。它是一种塑料包装材料，而不是纸包装材料，为区别于牛皮瓦楞纸，所以习惯称为纸板。无论是牛皮瓦楞纸还是钙塑瓦楞纸板，都具有自重轻、机械强度高、防潮性能好等特点，所制成的纸箱折叠性好、存储空间小、运输费用低，可多次重复使用，易于回收利用，是优良的可供运输的绿色代木包装。

防潮平黏合纸板由抗潮的原材料和防潮胶制造而成，可达到具有一定要求的防潮能力。有的防潮平黏合纸板是在表面经过聚乙烯处理得到。通常在成卷的纸板外层上预先用喷压的方法加上聚乙烯覆盖层，然后在压粘机上与纸板进行压合，用这种方法可以获得具有一面或两面为聚乙烯覆盖层的平黏合纸板。由于聚乙烯覆盖层具有不透水性，因此其与纸板的黏合必须使用含水量最少的胶液，如乳胶、聚醋酸乙烯酯乳液以及热熔胶等。为提高平黏合纸板的防潮性，还可在其外表面涂抹蜂蜡混合物。防潮平黏合纸板包装箱主要应用于高湿度条件下要求包装箱有足够强度的产品，如爆炸物、各种备用零件、五金制品等，以及应用于寒冷地区运输产品的转运包装箱等。

对于复合防潮材料来说，因为湿度对各层材料的透湿系数影响程度有差别，所以在用这样的材料进行防潮包装时，还应注意把透湿系数对湿度依赖性大的材料放在低湿侧，把透湿系数对湿度依赖性小的材料放在高湿侧。例如，对于聚乙烯加工纸来说，就应该将聚乙烯薄膜层放在高湿度一侧。

二、常用的防潮包装方法

（一）真空包装

真空包装是指将包装产品容器内残留空气抽出，使其处于符合要求的负压状态，从而避免容器内残留的湿气影响产品品质。同时，抽真空还可以减小膨松物品的体积，减少商品占用的储存空间。

（二）贴体包装

贴体包装是指用抽真空的方法使塑料薄膜紧贴在产品上并热封容器封口，这样可大大降低包装内部的空气量及其影响。

（三）绝对密封包装

绝对密封包装是指采用透湿度为零的刚性容器包装。但容器壁面及焊缝处有缺焊、砂眼、破裂等造成漏气的隐患；若使用玻璃、陶瓷容器或壁很厚的塑料容器，需采用可靠的一次封口或附加二次密封。

（四）充气包装

充气包装是指将包装容器内部的空气抽出，再充惰性气体，比如氮气、氩气，可以防止湿气及氧气对包装物产生不良影响。充气包装除了防湿防氧以外，还可以克服真空包装中包装容器被商品棱角和突出部分戳穿的缺点。

（五）泡罩包装

采用全塑的泡罩包装结构并热封，可避免产品与外部空气直接接触，并减缓外部空气向包装内部的渗透。

（六）泡塑包装

泡塑包装是指将产品先用纸或塑料薄膜包裹，再放入泡沫塑料盒内或就地发泡，这样可不同程度地阻止空气渗透。

（七）热收缩包装

热收缩包装是指用热收缩塑料薄膜包装产品后，经加热，薄膜可紧裹产品，并使包装内部空气压力稍高于外部空气压力，从而减缓外部空气向包装内部的渗透。

（八）油封包装

油封包装是指机电产品涂抹油脂或进行油浸后，金属部件不与空气直接接触，可有效地减缓湿气的侵害。

（九）多层包装

多层包装是指采用不同透湿度的材料进行两次或多次包装，从而在层与层之间形成拦截空间，不仅可减缓水蒸气的渗透，且可使内部气体不与外部空气掺混而降低湿度。多层包装阻湿效果较好，成本低，但操作烦琐。

（十）使用干燥剂的包装

在包装产品的容器内放入一定量的干燥剂，它可吸收湿气而保护产品，同时有的干燥剂具有吸湿变色功能，起到警示作用，多用于光电装备。常用的干燥剂有硅胶干燥剂、生石灰干燥剂和蒙脱土干燥剂。

三、影响因素

防潮包装的目的就是隔绝空气中的水分与被包装物品，但由于各种物品的吸湿特性不同，因此对水分的敏感程度各异，对防潮性能的要求不同，同时商品包装、流通、储存的环境不断变化，也会影响包装内的湿度、温度等。

（一）湿度

由气体的扩散定律可知：气体分子总是从浓度大区域向浓度小区域扩散，直至混合均匀，各处浓度达到一致。大多数物质都具有吸湿性，如果空气湿度大而产品含水量小，则空气中的水蒸气就会扩散到产品内，使产品受潮；如果产品含水量大，而空气干燥，则产品中的水分就会扩散到空气中，使产品脱湿变质。具有吸湿性的产品在一定温湿度环境中放置一段时间，其含水率动态平衡，即吸湿速度和蒸发速度相等，此时产品的含水量不变，如果这个数值符合产品安全含水量要求，则产品质量可以得到保障。

另外，具有吸湿性的产品放在一起，如果产品不接触，则产品与产品是以空气为媒介进行水分交换的，如果产品相互接触，则产品之间除了通过空气交换水分以外，还通过接触部分直接交换水分。北方空气较干燥，而南方和靠海的地方，气温变化较平稳，但空气比较潮湿，湿度的变化会影响产品含水量的稳定性。因此，必须采取一定的防湿包装措施，采用适当的技术和方法，限制产品含水量的变化，确保产品在有效期内不变质，同时要求内环境的相对湿度和产品的含水量保持在一定变化范围之内。

（二）温度

温度变化对产品储存有一定影响，主要表现在温度变化引起空气湿度变化，温度高可降低相对湿度，此外，温度变化还易使微生物滋生、虫害活动增加和金属的锈蚀速度加快，从而加快产品质变。

温度升高，空气中含水量增大，温度降低，空气中的水蒸气凝结为液态水，从而使空气中含水量降低或相对湿度增大。这种温湿度变化与防潮包装联系非常紧密。

（三）透湿性

气体具有从高密度区域向低密度区域扩散的性质，同理，空气中的水蒸气会从高湿度区向低湿度区扩散流动，要阻止或减缓这种在包装容器内外进行的流动、保持包装内的相对湿度，必须采用相应的透湿率低的防湿材料。透湿率指的是在单位面积上单位时间内所透过的水蒸气的重量，单位为 $g/(m^2 \cdot h)$。

包装材料的种类、加工方法和厚度直接决定了包装的透湿性，透湿率是评价包装透湿性高低一个重要参数，是包装材料选用、储存期限确定、防湿工艺设计的主要依据。当改变透湿率测定条件时，透湿率的值也会发生变化，所以各国都制定了测定标准，比如日本在 JIS Z0208—1976 中采用的条件是表面积为 1 m^2 的包装材料，在其一面保持温度为 40 ℃，相对湿度为 90%，在相对的另一面用无水氯化钙进行空气干燥，然后用仪器测定 24 h 内透过的水蒸气的重量，测定的值就是在温度为 40 ℃、相对湿度为 90%的条件下，单位面积上的湿气透过速度，称为该包装材料的透湿率。

水蒸气透过包装材料的速度，一般应符合菲克定律，如式(2-1)所示：

$$\mathrm{d}m/\mathrm{d}t = DS(\mathrm{d}P/\mathrm{d}x) \tag{2-1}$$

式中：$\mathrm{d}m/\mathrm{d}t$——扩散速度；

D——扩散系数，取决于扩散气体和包装材料的性质；

S——包装材料的有效面积；

$\mathrm{d}P/\mathrm{d}x$——水蒸气的压力梯度。

当整个过程建立平衡时，$\mathrm{d}P/\mathrm{d}x$ 由式(2-2)决定：

$$\mathrm{d}P/\mathrm{d}x = (P_x - P_2)/H \tag{2-2}$$

式中：$P_x - P_2$——包装材料两面的水蒸气压力差；

H——包装材料的厚度。

由以上公式可知，水蒸气扩散速度主要取决于包装材料两面的水蒸气的压力梯度。因此，在测定过程中必须控制包装材料两面的水蒸气压力差不变，这样才能保证测定的准确性。

当包装材料相同时，增大材料厚度，水蒸气的压力梯度减小，扩散速度降低，透湿率减小。另外，采用由不同材料制成的复合薄膜，可改善包装材料的防潮性能，降低其透湿率。

按上述方法可以测得同一条件下各种包装材料的透湿率，可作为防潮材料的选择依据。在不同温度、湿度条件下，包装材料的透湿率有很大差别。一般来说，温度高，湿度梯度大，水蒸气扩散速度就会升高；温度低，湿度梯度小，扩散速度就会降低。

第三节　防锈包装技术

金属锈蚀指的是金属受到周围介质的化学作用或电化学作用而损坏的现象。按照周围介质的不同，金属锈蚀分为大气锈蚀、海水锈蚀、地下锈蚀、细菌锈蚀等。在包装过程中遇到最多的是大气锈蚀。锈蚀对于金属材料制品有严重的破坏作用，根据试验，钢材如果锈蚀 1%，它的强度就要降低 5%～10%，金属制品因锈蚀而造成的损失远远超过所用材料的价值，通过研究金属制品的锈蚀规律及其防护技术，可大大减缓金属锈蚀，延长使用周期，意义重大。

一、常见的防锈剂

（一）防锈油

防锈油是以油脂或树脂类物质为主体，加入油溶性缓蚀剂和其他添加剂成分所组成的“暂时性”防锈涂料。防锈油的作用原理有如下 3 点。

(1) 金属表面吸附作用。由于表面活性物质在分子结构上具有亲水的极性基和亲油的非极性基，当防锈油涂覆于金属表面时，油中分散的缓蚀剂分子就会在金属与油的界面上定向吸附，并且能够形成多分子层的界面膜。这种吸附，一是对锈蚀因素具有屏蔽作用，二是可以提高油膜与金属表面的附着力。由于吸附膜的表面具有憎水性，因此其具有很好的防水性，同时可以增加金属表面的电阻。

(2) 降低界面张力。如果油膜表面有水滴形成（如结露等），在界面张力的作用下，水滴呈球形，借重力作用其较易渗入油膜到达金属表面。缓蚀剂这类表面活性物质可使水的表面张力降低，使水滴不能在油膜上呈球形。这样就降低了水滴对油膜的压强，使其不易穿透油膜到达金属表面。水滴在油膜表面摊得越平，油的防锈效果越好。

(3) 置换作用。具有表面活性的缓蚀剂，借助其界面吸附作用，可将金属表面上吸附的水置换出来。此外，油中所含的水分，可被缓蚀剂的胶粒或界面膜稳定在油中，使其不能与金属直接接触。

适用于包装金属制品的防锈油主要有：防锈脂、溶剂稀释型防锈油等。

(1) 防锈脂　以凡士林为基础，在常温下为脂状的一类防锈油，由成膜物质和缓蚀剂组成。

① 成膜物质　主要有凡士林和润滑油。一般采用工业凡士林，其化学组成是石蜡 15%、石油脂 45%、汽缸油 25%、机械油 15%。防锈油中常用的润滑油有机械油、锭子油和汽缸油等。润滑油的化学组成主要是烷烃、环烷烃和芳香烃，以及少量氧化物与硫化物。

② 缓蚀剂　防锈脂中常用的油溶性缓蚀剂有硬脂酸铝、石油磺酸盐、环烷酸锌、羊毛脂及其衍生物、氧化石油脂等。对有色金属防锈，常加入苯骈三氮唑等。防锈脂中所用缓蚀剂都能够影响防锈脂的性能。例如，加入硬脂酸铝的防锈脂具有良好的抗盐水性能，但对金属的附着力较弱；添加石油磺酸钡的防锈脂的抗盐性更高，其可用于海洋大气中的防锈；添加羊毛脂及其皂类的防锈脂对金属的附着力较强，并对水有一定的乳化能力，防锈能力强；环烷酸锌防锈脂对金属附着力强，并有一定的抗盐水能力，但对铸铁的防锈能力差；加入氧化石油脂及其皂类的防锈脂的性能优于加入脂肪酸皂类的防锈脂的性能，但其抗盐性低；在实践中为了获得满意的效果，常采用几种缓蚀剂联合使用的配方。

防锈脂在常温下呈软膏状，所以膜层一般较厚（可达 0.5 mm），不易流失、不易挥发，进行密封包装后，一般防锈期较长，可达两年以上。

防锈脂的涂覆方法主要是热浸法，将经清洗、除锈、干燥的金属制品浸入加热熔化的防锈脂内片刻，取出后冷却，使油膜凝固。热浸涂时，温度越低，油膜越厚，其防锈能力也越强。大型制件可采用热刷涂法，即将加热熔化的防锈脂用软毛刷刷涂在金属制品的表面，金属制品涂油后，要及时用石蜡纸或塑料袋封套，以防油层干涸失效和污染包装。

（2）溶剂稀释型防锈油　在以矿物油脂或树脂为成膜剂的防锈油中加入溶剂所制成。此外，还加一些其他添加剂，如抗氧剂、稳定剂等。这类防锈油按溶剂的种类，可分为石油系列溶剂、有机溶剂和水稀释三种类型，其中有机溶剂具有毒性，所以应用较少。

按油膜的性质，防锈油又可分为硬膜油和软膜油。硬膜油的树脂首先应在汽油、煤油中有较大的溶解度，其次对各种金属不锈蚀。目前选用的树脂有对叔丁基苯酚甲醛树脂（即2402）、长油度醇酸树脂、三聚氰胺甲醛树脂、石油树脂及烷基苯酸树脂等。常用的软膜油有204-1、沪石-201、F-35、112-5、704、3 号防锈油、33-612 及软-1 等。

由于防锈油作为封存用防锈涂层有许多不足，如施工时污染环境，影响金属制品外观，且在使用时要除膜等，因此，封存用防锈涂层已逐渐被薄膜和超薄膜取代。薄膜防锈涂层能形成一种完整的薄膜，薄膜与金属表面具有较强的附着力，膜具有很好的防锈性能，不影响润滑剂的性能，在装配和使用时，不用除锈。目前，薄膜和超薄膜防锈涂料主要有聚氟乙烯和聚氟氯乙烯型、其他合成树脂型、有机硅酮氨和有机硅树脂类型三大类。

（二）气相缓蚀剂

气相缓蚀剂又称为挥发性缓蚀释蚀剂，在密封的包装容器内对金属制品有防锈作用。

（1）气相缓蚀剂的共同特性有以下几点。

① 与水作用时能分离出具有缓蚀作用的基团。

② 在常温下具有一定的挥发性，气相缓蚀剂的防锈作用只有当其在较短时间内充满包装内部空间时才能表现出来。仅具有缓蚀性基团而在常温下不能挥发的就不能起气相防锈作用。这就要求作为气相缓蚀剂的物质必须有一定的蒸气压，并要求其蒸气压大小适中，如果气相缓蚀剂的蒸气压过大，虽然能很快充满包装内部，但因为包装容器的绝对密封在实践中很难做到，所以会消耗较快，影响防锈有效期；反之，如果蒸气压过低，包装后缓蚀剂蒸气不能在较短时间内达到有效浓度，金属制品很可能因受不到保护而锈蚀。实践证明，气相缓蚀剂的蒸气压为 0.0133～0.1333 Pa 时比较适宜。

（2）气相缓蚀剂的作用机理如下。

① 在金属表面起阳极钝化作用，以阻滞阴极的电化学过程。

② 带较大非极性基的有机阳离子定向吸附在金属表面上形成憎水性膜，既屏蔽了锈蚀介质的作用，又降低了金属的电化学反应能力。

③ 与金属表面以配位键结合形成稳定的络合物膜，增大金属的表面电阻，从而保护金属。

上述几点是气相缓蚀剂的几种主要作用，实际上防锈往往是多种因素综合作用的结果。

(3) 气相缓蚀剂的使用方法，目前主要有以下几种。

① 粉末法。将气相缓蚀剂粉末直接散布在金属的表面上密封包装；将气相缓蚀剂粉末盛于具有透气性的纸袋或布袋中；将其粉末压成片剂，放在包装容器内金属制品的周围等。气相缓蚀剂距离金属制品不得超过其作用有效半径(一般不超过 30 cm)。其用量主要根据缓蚀剂的种类、性质(如蒸气压大小)和包装条件及封存期来确定。

使用时为了使气相缓蚀剂能迅速发挥作用，以防金属制品锈蚀，单独使用蒸气压较低的气相缓蚀剂时，包装金属制品后应在 40～60 ℃的条件下保持几个小时，或者将几种蒸气压不同的气相缓蚀剂混合使用。

② 气相防锈包装纸法。将气相缓蚀剂溶于水或有机溶剂中，然后浸涂在纸上，晾干后就得到“气相防锈包装纸”。用这种气相防锈包装纸包装金属制品可长期封存。

气相缓蚀剂在纸上的涂布量一般为 5～30 g/m^2。在防锈纸的制造中一般还可加入黏合剂(如骨胶)、扩散剂(如六偏磷酸钠)及防霉剂等。

气相防锈包装纸涂布时，一般是将气相缓蚀剂涂于厚纸的反面，正面涂以石蜡。使用时，涂气相缓蚀剂的面向内包装金属制品，外层再用包装材料(如石蜡纸、塑料袋、金属箔或复合包装材料等)密封包装。如果包装空间较大，气相防锈包装纸与金属制品局部距离超过 30 cm 时，必须在包装内增加适量防锈纸片或粉末。气相防锈包装纸的防锈期与所用厚纸有一定关系，在常用厚纸中，沥青与石蜡纸的封存期长于普通牛皮纸的封存期。

③ 溶液法。将气相缓蚀剂溶于水或有机溶剂中组成一定浓度的溶液，将此溶液喷淋在金属制品的表面上，然后用蜡纸或塑料袋密封包装，或用溶液浸涂包装箱内衬板和减震材料，再密封包装。

④ 气相薄膜法。把含有气相缓蚀剂的黏合剂涂布于聚丙烯等合成树脂薄膜上，使用这种气相薄膜封贴的金属材料可以长期防锈，需要时可随时剥除，不影响加工性能。这种薄膜是以塑料为基本成分，加入增塑剂、稳定剂、润滑剂、缓蚀剂及溶剂等配制而成的防锈材料。也可将此薄膜制成包装袋，盛装金属制品密封包装。在封存期间，由于树脂薄膜有较高的透明度，可用肉眼直接观察到金属表面的情况。该膜层可隔绝外部介质对产品的影响，且能从膜层中渗出防锈油液，具有良好的防止大气锈蚀的作用。

气相薄膜法具有隔绝锈蚀因素和气相防锈的双重作用，具有优良的耐候性、耐湿性、耐盐水性、耐锈蚀性、耐溶剂性、耐热性和耐寒性。其黏合剂和树脂薄膜的结合力强，因而在剥离时金属表面不残留黏合剂，同时也有较好的耐老化性。气相薄膜的加载主要采用浸渍和涂刷的方法。现在常用的树脂为聚丙烯、聚氯乙烯、聚乙烯等。拆封方便、膜层材料可回收再利用。现有的一些可剥性涂料在成膜性、可剥性等方面都存在明显的问题，主要表现在涂层脆性大、不耐水、可剥性和防锈效果差等方面，其实用性受到了限制。

(4) 气相防锈包装的注意事项如下。

① 使用气相防锈剂时，必须首先掌握缓蚀剂的特性及其对金属的适应性。如果不了解，应先进行防锈试验，以免不能取得满意的效果，甚至可能使金属制品受到锈蚀。

② 包装内的相对湿度不应过高，一般不应超过 85%，与水分长期接触，防锈膜有被溶解失

效的可能。如果由于环境湿度较大等原因包装内湿度不易降低，可在包装容器内加入干燥剂（如硅胶）。

③ 在气相缓蚀剂的使用或保存中，都应防止其受到光、热的作用。因为光、热会引起缓蚀剂的分解失效。一般不得使其高于 60 ℃或受日光的直接照射。

④ 要防止酸、碱与气相缓蚀剂接触，微量的酸、碱也可能引起缓蚀剂的分解，要控制使用条件的 pH 值。

⑤ 气相缓蚀剂对手汗无置换作用，同时不能除去金属制品上原有的锈迹。因此，在进行气相防锈包装前，必须对金属制品进行清洁处理。

二、常用防锈处理方法

金属制品的锈蚀主要是由电化学锈蚀造成的。电化学锈蚀主要是金属材料与电解质溶液接触，通过电极反应产生的。为了防止金属制品锈蚀，最有效的防锈蚀包装技术与方法就是要设法消除产生锈蚀电池的各种条件。

根据防锈期的长短，防锈可分为“永久性”防锈和“暂时性”防锈。“永久性”防锈方法有：改变金属内部结构、金属表面覆层（电镀、喷镀、化学镀）、金属表面合金化、金属表面施加非金属涂层（搪瓷、橡胶、塑料、油漆等涂层），等等。只要防锈层不除去，这些方法都能永久达到防锈的目的，但也正是因为有防锈层，在金属产品的防锈包装中不能普遍采用。“暂时性”防锈是指金属产品经运输、储存、销售等流通环节到消费者手中使用这个过程的“暂时性”，以及防锈层的“暂时性”。“暂时性”防锈材料的防锈期可达几个月、几年甚至十几年。“暂时性”防锈包装技术是本章的主要研究对象。“暂时性”防锈包装的工艺过程涉及三个方面的内容：防锈包装的预处理技术（包括清洗、除锈、干燥等）、各种防锈材料的防锈处理技术以及防锈包装后处理技术。

（一）防锈预处理技术

由于各种原因，金属制品表面上常生成或附着各种物质，如油脂、锈蚀产物、灰尘等。这些都是产生电化学锈蚀的因素，所以对金属制品进行防锈包装时，必须进行预处理。

1. 清洗

清洗方法主要有碱液法、有机溶剂法和表面活性剂法等。

（1）碱液法。碱液可以洗去金属表面上的油污。可以用于金属清洗的碱类有：氢氧化钠、磷酸三钠、焦磷酸钠以及六偏磷酸钠、碳酸钠等。使用碱液法清洗，对于所用碱的种类，一般要根据金属材料和所附着的油脂种类来选定。比如，对于不起皂化反应的矿物油，苛性碱清洗效果不好，多采用以硅酸钠、磷酸钠及碳酸钠等弱碱为主要成分并配以表面活性剂的碱液。

碱液法清洗的主要优点是洗油效果好，即使油污较重的制品也能洗净，非油脂类污物也能同时洗掉，碱液还可反复使用，比较经济；缺点是如果控制不好可能引起金属制品的锈蚀或变色。

（2）有机溶剂法。有机溶剂对油污有较强溶解能力。常用的溶剂有石油系列溶剂，如煤油、汽油（主要是 200＃汽油或 160＃、120＃汽油）等，其次是氯化烃类溶剂，如三氯乙烯、四氯乙烯等。

有机溶剂法清洗的优点是洗油效果好，对于少量金属制品清洗时不需要加热，用浸泡或擦洗即可洗净,并且对金属无锈蚀性。但清洗大批金属制品时要有必要的设备(如清洗机等)。有机溶剂法清洗的缺点是石油系列溶剂容易燃烧起火,同时,由于在金属表面挥发时吸收大量热量,可能使金属温度明显下降,在高湿环境中洗过的制品表面会出现结露现象,从而引起生锈。

(3) 表面活性剂法。表面活性剂是指在分子结构上具有亲水基与憎水基两个部分的一类有机物质。这种特殊结构,使其在水溶液中具有特殊的分散性,并能降低表面张力与界面张力。因此,它们具有润湿、渗透与乳化、洗净等作用。表面活性剂的品种很多,如肥皂等脂肪酸盐类、烷基三甲基氯化铵、6501 清洗剂、合成洗涤剂(烷基磺酸钠)等磺酸盐类、平平加清洗剂、6503 清洗剂、664 清洗剂、TX-10 清洗剂、105(R-5)清洗剂等。

表面活性剂法清洗的特点是操作安全,洗油效果好,同时也能洗净非油脂性污物,并且对金属无明显锈蚀作用,因而更适用于金属精密制品。

(4) 其他清洗液。主要包括以下几种。

① 络合物清洗液。用上面三种方法都难以清除的污物可以采用络合物清洗液。常用氨羧络合剂有:乙二胺四乙酸或乙二胺四乙酸二钠盐。它们都可以与污物生成可溶性螯合物,而使污物脱离金属表面。

② 人汗清洗液。人汗沾污可用热甲醇或人汗置换型防锈剂清洗。

③ 超声波净化、蒸汽净化、电解净化等,这些都是比较先进的净化方法。

清洗是防锈包装的基础工序,清洗一定要彻底,必要时可以用两种或多种清洗液联合清洗。

2. 除锈

金属制品的除锈方法可分为物理机械除锈法和化学除锈法两类。

1）物理机械除锈法

物理机械除锈法包括人工除锈法和机械除锈法。

(1) 人工除锈法　用钢刷、铁锉、铲(刮刀)、纱布、砂纸等除锈。

(2) 机械除锈法　有喷射法和砂轮、布轮除锈法等。

喷射法是用强力将砂粒喷射在金属表面。喷射法以压缩空气为动力,将磨料以一定速率喷向金属表面,以除去氧化皮、锈及其他污渍的一种表面处理方法。喷射法按喷射材料,可分为喷砂法(用海砂、河砂、石粒为喷射材料)、钢粒喷射法(用小钢弹或碎钢粒为喷射材料)、软粒子喷射法(以植物种子或塑料颗粒为喷射材料)。喷射法适用于大型制品或金属材料的除锈。

砂轮除锈法只能应用于非加工面。布轮除锈法主要应用于对表面镀层或表面粗糙度要求较高的铜铁或有色金属等表面平整的制品。

2）化学除锈法

在实际防锈包装中,常将除锈工序与清洗油污工作合并进行,即在清洗液中加入除锈剂。化学除锈法包括酸洗法和碱洗法(碱液电解、碱还原、碱液煮沸等方法)等。其中应用最广泛的是酸洗法。

酸洗法是将金属制品浸渍在各种酸溶液中,酸与金属锈蚀产物发生化学反应,使不溶性锈蚀产物变为可溶性物质,脱离金属表面溶入水溶液中的方法。

酸洗所用的酸类主要有硫酸、盐酸、硝酸、磷酸、氢氟酸等。其中,盐酸除锈的能力最强;硫酸生成氢气的机械作用大,价格便宜,广泛用于钢铁的除锈;硝酸和氢氟酸可用于铝制品等有色金属的除锈;磷酸与盐酸、硫酸相比,除锈能力较差,但锈蚀作用弱,能与铜铁表面反应生成不溶性磷酸铁盐薄膜，洗后在空气中有暂时性防锈作用。

酸洗法与物理机械法相比，主要优点是不引起金属材料变形，处理后表面不粗糙，操作简便、效率高，金属制品各个角落的锈都可以除去，适用于大量小型制品的除锈，而且不需要专用设备，成本较低，是常用的化学除锈法。但酸洗法对金属有锈蚀作用，容易发生“氢脆”并影响表面粗糙度，于是近年来发展了碱洗法。碱洗除锈是在含有苛性碱、羟基乙酸、络合剂及起泡剂等溶液中进行的。碱洗法不锈蚀基体金属，不发生“氢脆”，金属表面光洁，适用于钢铁及铜、镁等有色金属。

3）干燥

金属表面清洗后应尽快除去附着水分和溶剂，以免再生锈。常用的干燥方法有加热法、压缩空气干燥法、油浴脱水法、含表面活性剂排水法、红外线干燥等。注意，一定要在金属表面冷却后涂防锈剂，否则会引起防锈剂分解。

金属表面处理工序是防锈包装的基础，只有金属表面处理干净并完全干燥，才能充分发挥防锈材料的作用。

（二）防锈包装技术

金属制品的包装后处理主要是指对金属及其制品进行必要的防锈处理后，为了进一步加强防锈效果、保护产品，而在金属制品的内包装和外包装中采用一些特殊的材料。用防锈材料进行包封，主要是指用蜡纸、防锈纸、塑料薄膜、塑料袋等将已做了防锈处理的金属制品包好，必要时可加入干燥剂并进行密封包装。对于容易损坏的金属制品还可以在内外包装之间用一定性能的防震材料进行缓冲包装。

除了以上防锈包装技术以外，还可采用真空包装、充气包装、收缩包装等包装技术防止包装内的金属制品锈蚀。

三、影响因素

除了少数贵重金属（如金、铂）以外，各种金属都有与周围介质发生反应的倾向，因此金属锈蚀现象是普遍存在的。按照金属锈蚀的机理，锈蚀可分为电化学锈蚀和化学锈蚀两种类型。而一般金属制品的锈蚀主要是电化学锈蚀。

电化学锈蚀是指金属与酸、碱、盐等电解质溶液接触时发生反应而引起的锈蚀，它在锈蚀过程中有电流产生，即存在微电池作用。电化学锈蚀是破坏金属的主要形式。

金属电化学锈蚀的进行必须同时具备以下三个条件：

（1）金属上各部分间（或不同金属间）存在着电极电位差；

（2）具有电位差的各部分要处于相连通的电解质溶液中；

（3）具有电极电位差的各部分必须相连通。

造成电化学锈蚀的原因主要是在具备上述三个条件下的原电池作用。

表面粗糙的金属易吸湿和形成水膜，又易积聚尘土，所以与表面光洁的金属相比更易腐蚀。金属制品形状复杂、有凹处、缝隙、沟槽、小孔，特别是盲孔，都能显著降低水膜的蒸气压，从而降低形成水膜的临界相对湿度，促进大气中电化学腐蚀。

除了上述因素对储存的金属制品的锈蚀具有影响之外，还有其他一些因素。例如，包装材料，特别是与金属制品直接接触的包装材料，对金属的锈蚀有一定的影响，有些包装纸的成分中含有一定量的氯离子和酸，有的还含有还原性硫。包装纸的毛细管的凝聚作用，还能降低金属制品锈蚀的临界相对湿度。此外，某些微生物对金属的锈蚀具有促进作用。在潮湿的条件下，铁细菌可以在钢铁上生长繁殖，并促进钢铁的锈蚀。少数霉菌，如思曲霉菌，能促进铝的锈蚀，在湿热条件下，仪器仪表也常因微生物（主要是霉菌）的繁殖而产生严重的锈蚀。微生物对金属商品的锈蚀，主要是微生物新陈代谢的产物作用以及沉积物的影响导致的。

第四节　防震包装技术

产品从生产到使用要经过保管、堆积、运输和装卸过程，置于一定的环境之中。在任何环境中，都会有力作用于产品之上，并使产品发生机械性损坏。比如在堆积过程中产品主要受静压力作用，在运输过程中产品主要受振动的影响，在装卸过程中产品主要受冲击力的作用。克服静压力对产品的影响主要靠包装容器、包装材料的强度，克服振动和冲击力的影响主要靠防震措施。应用防震包装技术在一定程度上可有效克服各种环境力的不利影响。

防震包装是指为了减轻内装物受到的冲击和振动、保护其免受损坏所采取的防护性包装。它在各种包装方法中占有重要地位，是包装的重要内容之一。

一、常见的防震材料

1. 泡沫塑料

泡沫塑料可定义为具有细孔海绵状结构的发泡树脂材料。通常是将气体导入并分散在液体树脂中，随后将发泡的材料固化。

泡沫塑料有多种，如聚乙烯泡沫塑料、聚氯乙烯泡沫塑料、聚苯乙烯泡沫塑料、聚氨酯泡沫塑料、聚丙烯泡沫塑料等热塑性树脂泡沫塑料，又如各种热固性酚醛树脂、脲醛树脂、环氧树脂制成的泡沫塑料。

泡沫塑料的性能取决于本身材质、发泡程度及泡沫性质。泡沫性质取决于气泡结构，气泡结构分为两种：其一是独立气泡，每个气泡各成薄壁独立状；其二是连通气泡，各气泡相互连通成一体。

热塑性塑料使用发泡剂发泡，发泡剂不同、用量不同，则发泡倍率和得到的气泡结构不同。

2. 气垫薄膜和充气纸垫

气垫薄膜是另一种类型的合成缓冲材料。在两层塑料薄膜之间采用特殊的方法充入空气，使薄膜之间连续均匀地形成气泡。气泡有圆形、半圆形、钟罩形等形状。两层薄膜中，制成凸起气泡的一层较薄，另一片基层较厚，呈平板状结构。一般地，基层比成泡层厚一倍左右。根据缓冲要求不同，也可制成三层气垫薄膜，它的缓冲效果比两层的更佳。

由于封入了大量的空气，这种气垫薄膜的密度极小，一般为 $0.008\sim0.03\ g/cm^3$。

3. 瓦楞纸板和蜂窝纸板

瓦楞纸板具有极高的挺度、耐压性、抗冲击性、抗震性能以及较好的弹性和延展性，它由箱板纸和瓦楞芯纸黏合而成，瓦楞芯纸是一种有规则的永久性波纹型纸，楞形分为 U 形、V 形和 UV 形。根据瓦楞的层数，瓦楞纸板可分为单瓦楞纸板、双瓦楞纸板和多瓦楞纸板；根据纸板的层数，瓦楞纸板又可分为双层瓦楞纸板、三层瓦楞纸板、五层瓦楞纸板和七层瓦楞纸板等。

纸蜂窝与蜂窝纸板具有优良的性能，其强度、刚度高，重量轻且具有隔震、保温和隔音等众多特点。蜂窝纸板由面纸和纸芯组成,瓦楞纸板和蜂窝纸板均可用于包装纸箱(特别是运输包装纸箱)、缓冲衬垫和运输托盘等。

二、常用的防震包装方法

防震包装的主要方法有四种:全面防震包装方法、部分防震包装方法、悬浮式防震包装方法、联合防震方法。

1. 全面防震包装方法

所谓全面防震包装方法,是指内装物与外包装之间全部用防震材料填满来进行防震的包装方法。根据所用防震材料不同,其又可分为以下几种方法。

1)压缩包装法

用弹性材料把易碎物品填塞起来或进行加固,这样可以吸收振动或冲击的能量,并将其引导到内装物强度最高的部分。所用弹性材料一般呈丝状、薄片状和粒状,以便于对形状复杂的产品也能很好地填塞,防震时能有效地吸收能量,分散外力,有效保护内装物。

2)浮动包装法

浮动包装法和压缩包装法的原理基本相同,不同之处在于所用弹性材料为小块。

2. 部分防震包装方法

对于整体性好的产品和有内包装容器的产品,仅在产品或内包装的拐角或局部地方使用防震材料进行衬垫即可,这种方法叫部分防震包装方法,也称局部缓冲包装方法。所用防震材料主要有泡沫塑料的防震垫、充气塑料薄膜防震垫和橡胶弹簧等。

这种方法主要是根据内装物特点,使用较少的防震材料,在最适合的部位进行衬垫,力求取得好的防震效果,并降低包装成本。该方法适用于大批量物品的包装,目前广泛应用于电视机、收录机、洗衣机、仪器仪表等的包装上,是目前应用最广的一种包装方法。

3. 悬浮式防震包装方法

对于某些贵重易损的物品,为了有效地保证在流通过程中不损坏,往往采用坚固的外包装容器,用带子、绳子、吊环、弹簧等把物品吊在外包装中,不与四壁接触。这种方法特别适用于精密、脆弱产品,如大型电子管、大型电子计算机、制导装置等。一般针对包装产品的特点,根据弹簧的各项性能参数进行设计。这些支撑件起着弹性阻尼器的作用。

4. 联合防震方法

在实际缓冲包装中常将两种或两种以上的防震方法联合使用。例如,既加铺垫,又填充无定形缓冲材料,使产品得到更充分的保护。有时可把异种材质的缓冲材料组合起来使用,如可将厚度相等的异种材料并联使用,也可将面积相等的异种材料串联使用。

三、影响因素

如前所述,防震材料的作用是缓和包装件中内装物在运输、装卸过程中所受的冲击和振动。影响防震材料性能的因素如下。

1. 吸收冲击能力

防震材料对冲击能量的吸收性,就是当包装产品在运输、装卸过程中受到冲击时,能把外来的冲击力衰减到不使产品受到破坏的程度的性质。当产品把防震材料压缩到一定程度时,防震材料的弹性和“黏性”，减小了产品落下时的能量，即吸收了冲击能量。对于同一材料来说，材料的变形量越大，吸收的冲击能量也越大。一般希望用吸收能量大的材料作防震材料，但并非吸收能量大的材料在所有的情况下都是适宜的。在外来冲击力较小的情况下，对应产生的加速度较小，以能产生较大形变的软材料为宜；而在外来冲击力较大的情况下，以较硬的材料为宜。因此，能量的吸收性合适的材料，并不是指对能量的吸收力大，而是指对同一大小的冲击力来说，吸收能量的能力大的材料。

2. 吸收振动能力

在运输过程中，当卡车或其他运输工具的振动频率与被包装物的固有频率接近时，就会产生共振。共振将使产品受到破坏，所以缓冲包装材料必须具有能将共振衰减的黏性，不会因共振而把振动的振幅增大。

3. 复原性

防震材料应有高的回弹能力（即复原性）和低的弹性模量，当受到外力作用时，产生变形；当外力取消时，能恢复其原形，并且在再受外力作用时还有变形的能力，这种能恢复原形的能力叫复原性。复原性又分静复原性（受静压荷重时）和动复原性（受冲击和振动）两种。防震材料除了要有好的复原性以外，还要保证它与被包装物之间的充分紧密接触，即使是阻力效果好的材料，如果复原性不好也不适合作防震材料。

对于碎块状或屑状的无定形缓冲材料，由于碎块之间有较大的空隙，因此复原性很小，当受到冲击后会产生永久变形，不适用在要求较高的防震包装中，但可用于一次落下的防震包装中，如空投等。

4. 温度、湿度

一般材料都受温度、湿度的影响，作为防震材料，应在一定的温度、湿度范围内保持防震特性，在材料的温度、湿度范围内，对冲击和振动的吸收性、复原性等缓冲性能随环境温度、湿度的变化越小越好。换句话说，在尽可能大的温度、湿度范围内，材料缓冲性能的变化要尽可能小。对于热塑性防震材料来说，温度、湿度的稳定性尤为重要。在温度低时，热塑性防震材料将会变硬、缓冲能力下降，在受到振动或冲击时，内装物将会产生较大的加速度。

5. 吸湿性

吸湿性大的材料有两个危害：一是降低防震性能；二是引起所包装的金属制品生锈和非金属制品变形变质。纸吸湿性强，不宜用于包装金属制品。连续发泡的泡沫塑料也易吸水，也不宜用于金属制品的包装。非连续发泡的泡沫塑料不易吸水，适用于金属制品包装。

6. 酸碱性

防震材料的水溶出物的 pH 值应为 6～8，与被包装物品直接接触时，pH 值最好是 7，否则在潮湿条件下易使被包装物腐蚀。此外，防震包装材料还必须有较好的挠性和较大的抗张强度，以及必要的耐破度、化学稳定性和作业适性。

若使一种防震材料同时具有上述所有特性，是难以做到的。可以根据产品的具体情况选择具有其中某些特性的材料，使之满足缓冲包装要求，还可以灵活利用各种材料的特性，搭配使用。

第五节　防氧包装技术

防氧包装是选择气密性好、透湿度低的包装材料或包装容器对产品进行密封包装的方法。

在密封前通过抽真空或充惰性气体或放置适量脱氧剂，将包装内的氧气浓度降至0.1%以下，从而防止产品长霉、锈蚀或氧化。防氧包装目前主要用于食品、贵重药材、橡胶制品、精加工零件、电子元器件、无线电通信整机、精密仪器、机械设备、农副产品等的包装。

防氧包装的方法主要有三种，即真空包装、充气包装、含脱氧剂的防氧包装。

一、防氧包装机理

真空包装是将产品装入气密性包装容器，在密封之前抽真空，使密封后容器内的压强达到预定真空度的一种包装方法。

充气包装是在真空包装的基础上发展而来的。方法是先用真空泵抽出容器中的空气，然后导入惰性气体并立即密封。常用的惰性气体有 N_2、CO_2或两者的混合气体。

真空包装与充气包装是为了解决一个共同的问题而采取的两种不同的方法。它们同样使用高度防透氧材料，包装线的设备大多也是相同的，并且都是通过控制包装容器内的空气量来延缓产品的变质。

真空包装与充气包装的功能相同，工艺过程略有差异，其防氧机理可归结为以下三个方面。

1. 除氧

食品霉腐变质主要由微生物所致，其次是食品与空气中的氧气接触发生化学反应而变质。微生物有嗜氧与厌氧两类。霉菌属于嗜氧菌，当包装件内氧气浓度小于1%时，它们的生长和繁殖速度就急剧下降；当小于0.5%时，多数细菌因受抑制而停止繁殖。当然，微生物的生长还受到温度、水分和营养物质的影响。

氧气与油脂或含油脂多的食品长时间接触时，特别是在阳光下，氧气与其中的不饱和脂肪酸反应使油脂或食品变质。

氧气与钢铁制品接触时，特别是在相对湿度大的情况下，极易使金属锈蚀。

包装件内除氧的方法有两种：一是机械法，即用抽真空或用惰性气体置换；二是化学法，即用各种脱氧剂。

2. 阻气

采用具有不同阻气性的包装材料，如塑料薄膜和塑料纸、箔等复合材料，阻挡包装件内外气体的互相渗透。

在真空与充气包装中使用多种塑料。气体对塑料薄膜的透过性各不相同。比如，对于有的薄膜，CO_2的透过率是 N_2的 30 倍左右。为此，采用充气包装时，包装件内的一部分气体会被食品所吸收，剩余的一部分气体会根据包装件内外的气压差而扩散流通，一直变化到内外气压差处于平衡状态为止。

3. 充气

向包装件内充惰性气体，常用 N_2和 CO_2，此外还可用 Ar 及其他特殊气体。

CO_2对霉菌的生长、繁殖具有一定抑制作用，当包装件内 CO_2浓度达到 10%～40%时，对微生物有抑制作用；当浓度超过 40%时，有灭菌的作用。CO_2可以起到有效的保鲜作用从而延长保存期。

将包装内空气抽出，充入纯度为 99.5%的 N_2，可防止金属腐蚀、非金属材料老化；另外，N_2对塑料薄膜的透过性非常低，是充气包装的一种理想气体。

惰性气体本身具有抑制微生物生长、繁殖的效果，如常采用充 Ar 包装。此外，还可以充入干燥空气，保证密封包装内的相对湿度在产品临界相对湿度以下，从而防止金属腐蚀。

二、常用真空与充气包装方法

（一）机械挤压法

包装袋经充填之后，从包装袋的两边用海绵类物品将袋内的空气排除，然后进行密封。这种方法很简单，但脱气除氧效果差，只限于要求不高的场合。

（二）吸管插入法

插入吸管，利用真空泵抽气，用热封器封口。如果要充气，可在抽真空后开启阀门来充气。还有一种类似的方法，称为呼吸式包装，原理是将物品充填到带有特殊呼吸口的袋里，然后封袋，通过呼吸管除去包装袋内的空气，充入惰性气体，最后将呼吸管密封。

（三）腔室法

腔室法指的是整个包装过程除充填外均在真空腔室内进行。首先将充填过的包装袋放入腔室内，然后关闭腔室，用真空泵抽气，抽气完毕后用热封器封口。如果进行充气包装，则在抽气后充以惰性气体再封口。采用腔室法可以得到较高的真空度，适合包装高质量的产品。现代高效高速真空与充气包装机多采用这种方法。

三、影响因素

1. 阻气性

阻气性不好即达不到预期密封效果，包装袋内即使抽了真空，暴露在空气中后，空气中的氧气仍能重新进入真空包装袋内，这就失去了真空包装应有的作用。

2. 水蒸气阻隔性

对于一些干燥性能要求高的产品，水蒸气进入会使它们由脆变软，甚至溶解、潮解，造成变质。

3. 遮光性

光和氧气一样会加速包装物的老化。对于有较长保质期要求的产品，可以采取一些措施来遮光。有的在外包装涂上一层防光涂料；也有的在真空包装外镀一层金属或铝箔。

4. 力学性能

真空包装袋应具有较好的力学性能，易成型、易密封，还应具有较强的抗撕裂能力，封口要具有抗破损能力。

真空包装或真空充气包装常采用双层复合薄膜制成的三边封口包装袋，内层为热封层，须有良好的热封性；外层为密封层，须有良好的气密性、可印刷性以及一定的强度。

四、发展趋势

真空包装技术发展趋势主要体现在以下几个方面。

(1) 单机多功能。在单机上实现多功能可方便扩大使用范围。实现单机多功能必须采用模块化设计,通过功能模块的变换和组合,使真空包装机适用于不同包装材料、包装物品、包装要求。

(2) 数字化。随着人工智能的发展,数字化趋势将越来越明显。应用数字化真空包装技术不仅可以提高工作效率,还可以降低出错率、减少次品、节约劳动力。

(3) 新技术。在包装方法上大量采用充气包装来取代真空包装,将所充气体成分、包装材料与充气包装机三方面的研究紧密结合起来。在控制技术上,更多地应用计算机技术和微电子技术。

(4) 生产线。当需要的功能越来越多时,将所有的功能集中在一个单机上会使结构非常复杂,操作、维修也不方便。这时,可把功能不同、效率相匹配的几种机器组合成功能较齐全的生产线。

第六节　热成型包装技术

热成型包装,在国外又叫卡片包装,可清晰呈现外观,便于陈列和使用,在运输和销售过程中不易损坏,从而使一些形状复杂、怕压易碎的商品得到有效的保护,所以这种包装方式既能保护商品而延长保存期,又能起到宣传商品、扩大销售的作用。目前,热成型包装主要用于医药、食品、化妆品、文具、小工具和机械零件,以及玩具、礼品、装饰品等的销售包装。

热成型包装包括泡罩包装和贴体包装。它们虽属于同一类型的包装,但原理和功能仍有许多差异。

一、泡罩包装

泡罩包装是将产品封合在由透明塑料薄片形成的泡罩与衬底之间的一种包装方法。这种包装方法是 20 世纪 50 年代末德国首先发明并推广应用的,最初用于药片和胶囊的包装。对于采用泡罩包装的药片,服药时用手挤压小泡,药片便可冲破铝箔而出,故有人称它为发泡式或压穿式包装或 PTP(泡罩包装用铝箔)包装,特别适用于机械化的药品包装。

(一) 泡罩包装特点

泡罩包装具有重量轻、密封性高、运输方便、适用性高、外形美观、使用方便等特点。此外,对于药片包装,还具有不会互混服用、不会浪费等优点,越来越受到制药企业和消费者的欢迎。

(二) 常见的泡罩材料及结构

从泡罩包装的结构来看,它主要由热塑性的塑料薄片和衬底组成,有的还用到黏合胶或其他辅助材料。泡罩包装良好的阻隔性缘于其对原材料铝箔和塑料薄片的选择。铝箔具有高度致密的金属晶体结构,有良好的阻隔性和遮光性;塑料薄片则要具备足够的对氧气、二氧化碳和水蒸气的阻隔性、高透明度和不易开裂的机械强度。

1. 塑料薄片

能用于泡罩包装的塑料薄片有许多种类。塑料薄片除了主要材料本身所具有的特征和性能以外,还由于制造工艺和所用添加剂的不同,具有一些其他特征,如厚度、抗拉强度、延伸率、光线透过率、透湿度、老化、带静电、热封性、易切断性等。一般来说，被包装物品的大小、重量、价值和抗冲击性以及被包装物品的形态，如是否有凸出的棱角等，都会影响泡罩包装的效果。因此，在选用泡罩包装的材料时就要考虑塑料薄片和被包装物品的适应性，即选用材料要达到泡罩包装的技术要求，同时尽量降低成本。

通常泡罩包装用的硬质塑料片材有纤维素、苯乙烯和乙烯基树脂三类。其中，纤维素应用最普遍，有醋酸纤维素、丁酸纤维素、丙酸纤维素。它们都具有极好的透明性和热成型性，以及好的热封性、抗油和脂的透过性。但纤维素的热封湿度一般比其他塑料片的要高。定向拉伸苯乙烯透明性极好，但抗冲击性差、容易破碎，低温时则更明显，但它具有较好的热封性。乙烯基树脂一般比苯乙烯便宜，有硬质的，也有软质的。它与带涂层的纸板可以很好的热封，透明性受添加剂的影响，有的较好、有的极好，加入增塑剂后可提高耐寒性和冲击强度。此外，还有复合材料的塑料薄片，如聚氯乙烯/聚偏二氯乙烯、聚氯乙烯/聚乙烯、聚三氟氯乙烯/聚氯乙烯、聚氯乙烯/聚偏二氯乙烯/聚氯乙烯等。包装有阻气和蔽光要求的产品时，应采用塑料薄片和铝箔复合材料；包装食品和药片时需采用无毒的塑料薄片，如新型的铝箔复合成型材料，具有极好的阻气、阻湿、阻光性能，用于泡罩包装时，几乎可以对药品进行完全的保护，而且是泡罩材料中唯一不需要加热就可以用模具冲压成型的材料，非常适用于对光、气、湿敏感的药品包装。

2. 衬底

衬底也是泡罩包装的主要组成部分，同塑料薄片一样，在选用时必须考虑被包装物品的大小、形状和重量。纸板衬底的表面必须洁白、有光泽、适应性好，能牢固地涂布热封涂层，同时与泡罩封合后还必须具有强的抗撕裂结合力。药片和胶囊的泡罩包装衬底常用带涂层的铝箔。铝具有资源丰富、价格低、容易加工等优点，作为药品包装材料使用时，铝箔是包装材料中唯一的金属材料。当制成泡罩包装时，使用时稍加压力便可将其压破，患者取药、携带方便，在药品固体剂型包装上得到广泛应用且发展潜力巨大。铝箔具有高度致密的金属晶体结构，有良好的阻隔性和遮光性，因而能有效地保护被包装物，在药品泡罩包装中应用十分广泛。铝箔是纯度为 99%的电解铝，经过压延制作而成的，无毒、无味。泡罩包装用铝箔按使用方式分为可触破式铝箔、剥开式铝箔和剥开触破式铝箔；按材料分为硬质铝箔、软质铝箔、复合材料铝箔等。

传统衬底还有白纸板、B 型和 E 型涂布（主要是涂布热封涂层）。白纸板是用漂白亚硫酸木浆制成的，也有的是用废纸和废旧新闻纸为基层上覆白纸制成的。白纸板衬底的厚度范围为 0.35～0.75 mm，常用的为 0.45～0.60 mm。

3. 泡罩结构

泡罩包装发展非常快，目前市场上的泡罩结构有：

（1）泡罩直接封于衬底；

（2）衬底插入特别的槽中；

（3）压穿式泡罩；

（4）泡罩封于有冲孔的衬底上；

（5）泡罩或浅盘插入带槽的衬底后封口；

（6）衬底有盖片可关合；

（7）衬底有一半可折叠，可将产品立于货架之上；

（8）自由取用商品而无须打开泡罩；

(9) 双面泡罩,衬底为冲孔式;

(10) 全塑料无衬底的泡罩包装;

(11) 双层衬底的泡罩包装;

(12) 分隔式多泡罩包装;

(13) 全塑料或泡罩无衬底的泡罩包装。

(三) 常用的泡罩包装方法

泡罩包装的泡罩、空穴、盘盒等有大有小,形状因被包装物品的形状而异;有用衬底的,也有不用衬底的。同时,包装机械成型部位、加热部位、热封部位等的多样性,导致包装机械种类繁多,所以泡罩包装有多种。我们可以按操作方法将泡罩包装方法分为手工操作和机械操作两类。

1. 手工操作

这种方法适用于资金不足、劳动力充足的地区的多品种小批量生产。泡罩和衬底是预先成型印刷冲切好的,包装时用手工将商品放于泡罩内,盖上衬底,然后放在热封器上封接。有些商品对潮湿和干燥不敏感,可以直接采用订书机钉封。

2. 机械操作

泡罩包装机从总体结构及工作原理上可分为辊式泡罩包装机、平板式泡罩包装机、辊板式泡罩包装机。尽管包装机械的种类繁多,但其设计原理大致是相同的,典型的泡罩包装机械必须有热成型材料供给部位、加热部位、成型部位、充填部位、封合部位、冲切部位、成型容器的输出和余料收取的部位,其包装操作过程如下。

(1) 首先从塑料薄片卷筒将薄片输送到电热器下加热使之软化。

(2) 将加热软化的薄片放在模具(只用阴模)上,然后从上方向模具内充压缩空气,使薄片贴于模具壁上而形成泡罩或空穴等。如果泡罩或空穴不深,薄膜较薄,则用抽真空的方法,从模具底部抽气,吸塑成型。

(3) 成型后,取出、冷却,充填被包装商品,并盖上印刷好的卡片衬底。

(4) 在衬底和泡罩四周进行热封。

(5) 冲切成单个成品。

二、贴体包装

贴体包装是将产品放在能透气的,用纸板、塑料薄膜或薄片制成的衬底上,上面覆盖加热软化的塑料薄膜或薄片,通过衬底抽真空,使塑料薄膜或薄片紧密地包紧产品,并将其四周封合在衬底上的包装方法。贴体包装广泛应用于机械零件。

(一) 贴体包装的特点

贴体包装属热成型包装,它除了具有直观、使用方便、缓冲性好等特点以外,还具有以下特点:

(1) 适用性强,贴体包装不需要模具,能对形状复杂的器材进行包装,对于一些较大器材,包装方便,成本较低;

(2) 保护性好,塑料薄膜经真空吸塑,可将器材牢固地捆在衬底上,保证其在运输过程中不易晃动；

（3）密封性稍差，由于贴体包装衬底须预留抽真空小孔，故其密封性、阻气性不如泡罩包装的，采用气相防锈时必须进行改造，即紧贴衬底增加一层塑料薄膜，并和贴体塑料薄膜热封。

（二）常见的贴体包装材料

贴体包装在选用材料时，应考虑商品的用途、大小、形状和重量等因素。对销售包装要强调薄片的透明度和易切断性，以及纸板的卷曲等。对以保护性为主的运输包装，要注意薄片的吸热性、耐戳穿性和拉伸性能。

1. 衬底材料

衬底材料既要起到托附产品的作用，又要起到包装的作用。这就要求衬底材料具有较高的强度，良好的折叠性、缓冲性、耐压性等特性。贴体包装的底板有固体漂白硫酸盐、填充或再制的瓦楞纸板。贴体包装用衬底材料通常为白纸板和涂布的瓦楞纸板。其厚度为 0.45～0.60 mm，最厚不超过 1.4 mm。涂布的瓦楞纸板具有多孔性，不需要穿孔即可使用。瓦楞纸板重量轻，有一定的挺度、硬度，耐压、耐破、可延伸、易印刷、无毒、卫生，包装易机械化、自动化，废品易处理等。

2. 塑料薄膜

选用包装材料时，应考虑产品的用途、大小、形状和重量等。常用的材料是聚乙烯和离子键聚合物。包装小而轻的器材时，用 0.1～0.2 mm 厚的离子键聚合物薄片；包装大而重的器材时，用 0.2～0.4 mm 厚的聚乙烯薄片。贴体包装常用的挤压薄膜有以下几种基本材料。

（1）聚氯乙烯。具有良好的透明性、黏着性、卷曲性，且成本低，但有轻微“不正常”的色泽，不能适应零下的温度，因而在某些地区的应用受到限制。

（2）聚乙烯。一般呈“乳”或“云”状的外观，不具有清澈的透明度。对它进行长时间的加热和冷却后会按一定长度大幅收缩，有很好的耐破性和韧性。通常是与瓦楞纸板结合应用在保护性包装上，而且瓦楞衬垫的强度可以有效地克服聚乙烯冷却收缩时出现的卷曲。

（3）“苏灵”。目前对于展销贴体包装，最流行的薄膜是“苏灵”，它是一种离子键聚合物薄膜，具有一定的光泽、良好的快速加热特性和极好的透明性和黏着性。“苏灵”有特殊的强度和伸展特性。较薄规格的“苏灵”使用范围比较广，使用成本与聚氯乙烯、聚乙烯的相当。

此外，乙烯-醋酸乙烯共聚物是一种新型的挤压薄膜共聚物，醋酸乙酯的共聚物是所有贴体包装薄膜中最便宜的，它们在贴体包装中都有自己的应用领域。

（三）常用的贴体包装方法

贴体包装与泡罩包装在操作方法上有所不同，主要区别在三个方面：一是不另用模具，而是用被包装物作为模具；二是只能用真空吸塑法进行热成型；三是衬底上必须预留小孔，以便抽真空。

贴体包装的基本操作过程如下：

（1）商品放在衬底上一同送至抽真空的平台上，塑料薄膜由夹持架夹住，进行加热软化；

（2）用夹持架将软化后的薄膜压在商品上；

（3）开始抽真空，将薄膜紧紧吸塑于商品并热封于衬底上，形成牢固的包装；

（4）将包装完好的包装件传送出去。

贴体包装用的衬底需要开小孔，孔的直径为 0.15 mm 左右，每平方厘米内开 3 个或 4

个孔。

三、选取原则

主要从泡罩包装与贴体包装的不同特点出发，按照一定的原则进行选取。

1. 包装的保护性原则

因为包装的目的是保护商品、方便储运、促进销售。如果被包装商品在有效期内，发生霉腐、潮解或脱湿结块、生锈等变化，则包装的选取就是失败的。通常，易潮解、易霉腐的商品多采用泡罩包装。

2. 包装作业方便和高效的原则

泡罩包装比较易实现自动化流水线生产，因此工人的劳动强度低、生产效率高，但更换产品时需要更换模具，比较费时费力；贴体包装难以实现自动化流水线生产，生产效率低，但不需要更换模具，因此单一品种的大批量生产通常用泡罩包装，如药片的包装，多品种小批量生产则用贴体包装。

3. 包装成本尽量低的原则

泡罩包装的一次性投资成本比较高，贴体包装则需人工比较多。如果泡罩包装用于大而重的商品小批量包装，则生产成本高；如果贴体包装用于小而轻的商品大批量包装，则成本比用泡罩包装的高。

4. 包装美观和使用方便的原则

在保证商品不变质、包装方便、成本低的前提下，应尽量选用美观和使用方便的包装方法，有利于销售。

综上所述，泡罩包装用于大批量药品、食品和小件物品包装的优点是很突出的。例如，包装 1000 支圆珠笔的泡罩塑料费用比同样数量的贴体包装塑料便宜 24%；相反，包装一些较大的商品，如厨房用具、手工具、电视天线等，贴体包装的费用要比泡罩包装的费用小得多。对于一些形状复杂或经晃动易磨损、易破碎的商品采用贴体包装，既便宜又牢靠。因为贴体包装不需要模具，而且塑料薄膜经真空吸塑，可将商品牢固地捆在衬底上，在运输和搬运过程中不易晃动。另外，由于贴体包装衬底有小孔，故其美观性和阻气性都不如泡罩包装的。

第七节　热收缩与拉伸包装技术

一、热收缩包装

热收缩包装是利用可热收缩的塑料薄膜在加热后对产品收缩包紧的一种包装方法。热收缩包装技术在 20 世纪 70 年代进入我国，并得到了飞速的发展和普及，故其被认为是 20 世纪发展最快的三种包装技术之一，也是一种很有发展前途的包装技术。但热收缩包装用于包装颗粒状、粉末状或不规则形状的商品时，不如装箱、装盒方便；此外，热收缩包装能源消耗较多，投资和占用车间面积较大，实现流水线生产比较困难。

（一）常见的收缩薄膜材料

收缩薄膜是收缩包装材料中最主要的一种。热收缩薄膜的生产技术通常为：采用挤出吹塑或挤出流涎法生产出厚膜，然后在软化温度以上、熔融温度以下的一个高弹态温度下进行纵向和横向拉伸，或者只在其中的一个方向上拉伸定向，而在另一个方向上不拉伸，前者叫双向拉伸收缩膜，而后者叫单向收缩膜。

目前使用较多的收缩薄膜材料有聚乙烯、聚氯乙烯、聚酯、聚丙烯、聚偏二氯乙烯、聚苯乙烯、乙烯-醋酸乙烯共聚物和氯化橡胶等。

(1) 聚乙烯收缩薄膜。其特点是冲击强度大、价格低、封缝牢固，多用于运输包装。聚乙烯的光泽度与透明性比聚氯乙烯的差。在作业中，收缩温度比聚氯乙烯的高 20～30 ℃。

(2) 聚氯乙烯收缩薄膜。收缩温度比较低而且范围广，收缩温度为 40～160 ℃，加热通道温度为 100～160 ℃，热收缩快、作业性能好；包装件加工后透明而美观，热封部分也很整洁，是目前国内应用最广泛、最廉价的材料。缺点是冲击强度小，在低温下易变脆，不适用于运输包装；封缝强度低，热封时会分解产生臭味，当其中的增塑剂发生变化时，薄膜易断裂，失去光泽。因为聚氯乙烯回收难度比较大，一般采用焚烧的方法，但燃烧时会产生二恶英，污染环境，所以近年来欧洲、日本等国家和地区已禁止使用。

(3) 聚酯收缩薄膜。其是一种新型包装材料，由于具有回收方便、无毒、有利于环保等特点，在发达国家正逐步成为聚氯乙烯收缩薄膜的理想替代品。其横向收缩率可高达 80%。聚酯收缩薄膜比聚氯乙烯收缩薄膜更有利于环保，而且成本也比聚氯乙烯收缩薄膜的低。将来可能会大规模地占据市场，得到广泛的应用。

(4) 聚丙烯收缩薄缩。其主要优点是透明性及光泽度均好，与玻璃纸相同的是，耐油性与防潮性良好，收缩张力高。缺点是热封性能差、封缝强度低、收缩温度比较高而且范围窄。目前所使用的聚丙烯材料收缩率很低。

(5) 热收缩聚烯烃薄膜。其是近年来出现的新型热收缩包装材料，与单层聚丙烯等收缩薄膜不同，热收缩聚烯烃薄膜采用聚乙烯/聚氯乙烯/聚丙烯三层共挤双泡管膜法制备技术，可同时具有高透明性、耐低温、高强度、耐揉搓的综合性能。改变组成、调节工艺，可有效控制这类薄膜的收缩率和收缩速率。

(6) 其他收缩薄膜。聚苯乙烯收缩薄膜主要用于信件包装，聚偏二氯乙烯收缩薄膜主要用于食品包装。

乙烯-醋酸乙烯共聚物收缩薄膜，抗冲击强度大、透明度高、软化点低、熔融温度高、热封性能好、收缩张力低、被包装产品不易破损，适用于带凸起部分的物品或异形物品的包装，预计今后也会有较大的发展。

(二) 常用热收缩包装方法

热收缩包装有手工热收缩包装和机械热收缩包装两种方法。手工热收缩通常是用手工对被包装物品进行裹包，然后用热风喷枪等工具对被包装物品吹热风，完成热收缩包装。这种方法简单、迅速，主要针对不适合用机械包装的产品，如大型托盘集装的产品或体积较大的单件异形产品。机械热收缩包装的作业工序一般分为两步：首先，用机械的方式对产品进行预裹包，即用收缩薄膜将产品包装起来，热封必要的口与缝；然后，进行热收缩，将预裹包的产品放到热收缩设备中加热。

热收缩包装中，热收缩薄膜对物品进行裹包所用的包装薄膜有筒状膜、平膜和对折膜三种形式。

1. 预裹包作业

预包装时，薄膜尺寸应比商品尺寸大10%～20%。如果尺寸过小，则充填物品不便、收缩张力过大，可能将薄膜拉破；如果尺寸过大，则收缩张力不够，包不紧或不平整。所用收缩薄膜厚度可根据商品大小、重量以及所要求的收缩张力来决定。

常用的热收缩包装方法有以下几种。

(1) 两端开放式。当采用筒状膜时，需将筒状膜开口扩展，再借助滑槽把物品送入筒状膜中，筒状膜的尺寸比物品的尺寸大10%左右。这种方式比较适用于对圆柱体物品裹包，如电池、纸卷、酒瓶的封口等。用筒状膜包装的优点是可减少1道或2道封缝，外形美观；缺点是不能适应产品的多样化。筒状膜通常用于单一品种大批量产品的包装。

用平膜裹包物品，有单张平膜和双张平膜裹包两种方式。薄膜要宽于物品。用单张平膜裹包物品时，先将平膜展开，将被裹包物品对着平膜中部送进，形成马蹄形裹包，之后折成封闭的套筒，经热熔封口。双张平膜裹包，即用上、下两张薄膜裹包，在前一个包装件完成封口剪断之后，两片膜就被封接起来，然后将产品用机器或手工推向直立的薄膜，到位后封剪机构下落，将产品的另一个侧边接封并同时剪断，经热收缩后包装件两端收缩形成椭圆形开口。用平膜包装不受产品品种变化的限制，平膜多用于形状方正的单件或多件产品的包装，如多件盒装产品。

(2) 四面密封式。将产品四周(用平膜时)或两端(用筒状膜时)均裹包起来，用于密封性要求高的产品包装。

如果用筒状膜裹包，则在筒状膜切断的同时进行封口、刺孔，然后进行热收缩。

如果用对折膜，可采用L形封口方式。这种方式是用卷筒对折膜，将膜拉出一定长度置于水平位置，用机械或手工将开口端撑开，把产品推到折缝处，在此之前，上一次热封剪断后留下一个横缝，加上折缝共两个缝不必再封。然后用一个L形剪断器从产品后部与薄膜连接处压下并热封剪断，一次完成一个横缝和一个纵缝。操作简便，手动或半自动均可。这种方式适合包装异形及尺寸变化多的产品。

如果用单卷平膜，可采用枕形袋式。这种方式是用单卷平膜，先封纵缝形成筒状，将产品裹于其中，然后封横缝并切断制成枕形包装。其原理与制袋充填包装的相似。

采用四面密封式预封后，内部残留的空气在热收缩时会膨胀，使薄膜收缩困难，影响包装质量，因此在封口器旁常装有刺针，热封时刺针在薄膜上刺出放气孔。热收缩后封缝处的小孔常能自行封闭。

(3) 一端开放式。一端开放式的收缩包装将物品堆积于托盘上，用来运输包装。它的工艺大多为：将收缩包装薄膜(筒状膜或平膜)，经制袋装置预制成收缩包装所用的包装袋(收缩包装袋比所要包装的托盘堆积物尺寸大15%～20%)；裹包时，先将包装袋撑开，而后套入托盘和堆积物，无特殊密封要求时，下端开放不封合，然后带托盘进行热收缩。

托盘收缩包装是运输包装中发展较快的一种方法，主要特点是产品可以一定数量为单位，牢固地捆包起来，在运输中不会松散，能露天堆放。

2. 热收缩作业

在热收缩包装中，用热收缩薄膜材料按要求对被包装物品进行裹包后，预包装件被运送到热收缩装置中。热收缩装置称为热收缩通道(也称热收缩隧道)，由传送带、加热器和冷却装置等组成。热收缩过程是：将预包装件放在传送带上，传送带以规定速度运行，将其送进加热室，将热空气吹向包装件对其进行加热，热收缩完毕离开加热室，自然冷却后，从传送带上取下。

在体积大、热收缩温度较高时，往往在离开加热室后用冷风扇加速冷却。

目前，收缩通道中常用输送装置有耐热皮带、自动滚筒、滚筒、括板、板式链带等，它们的表面应不会与收缩薄膜黏住，由输送装置带出的热量应最小，因此收缩通道的输送装置与薄膜有关；结构不同，能带动的物品重量也不同。

加热室是一个箱形的装置，内壁装有隔热材料。其中有加热通风装置、恒温控制装置。通常有两个门，一进一出，由热循环风机吹出的风经过加热器加热成热风，经过吹风口吹向预包装件。加热器的加热方式有电、燃油、煤气和远红外线等。要恰当地配置吹风口，并合理选择风境和风速，使包装件各部分大致能同时完成收缩。为保证均匀收缩，热风采用强制循环。加热室的温度采用温度自动调节装置来控制，使热空气的温度差不超过±5 ℃。

由于各种收缩薄膜的特性各不相同，应根据包装作业所用收缩薄膜的特性合理选择热收缩通道的各种参数。

（三）性能指标

1. 收缩张力

收缩张力指的是薄膜收缩后施加在包装物品上的张力。在收缩温度下收缩张力的大小，与产品的保护效果关系密切。包装金属罐等刚性产品允许较大的收缩张力，而对于一些易碎或易褶皱的产品，收缩张力过大，就会变形甚至损坏。因此，收缩薄膜的收缩张力必须进行恰当选择。

2. 收缩温度

收缩薄膜受热后达到一定温度开始收缩，温度升到一定程度又停止收缩。在此范围内的温度称为收缩温度。对于包装作业来说，包装件在热收缩通道内受热，薄膜收缩产生预定收缩张力时所达到的温度称为该张力下的收缩温度。收缩温度与收缩率有一定的关系。在收缩包装中，收缩温度越低，对被包装产品的不良影响越小。

3. 收缩率与收缩比

收缩率包括纵向和横向的，测试方法是先量薄膜长度 L_1，再将薄膜浸放在 120 ℃的甘油中 1～2 s，取出后用冷水冷却，最后测量长度 L_2，按式(2-3)进行计算：

$$\text{收缩率}(\%)=[(L_1-L_2)/L_1]\times 100\% \tag{2-3}$$

式中：L_1——收缩前薄膜的长度；

L_2——收缩后薄膜的长度。

目前包装用的收缩薄膜，一般要求纵、横两个方向的收缩率相等，约为 50%；但在特殊情况下也有单向收缩的，收缩率为 25%～50%。还有纵、横两个方向的收缩率不相等的偏延伸薄膜。

纵、横两个方向的收缩率的比值称为收缩比。

二、拉伸包装

拉伸包装是利用可拉伸的塑料薄膜在常温和张力下对产品进行裹包的方法。它与热收缩包装的原理不同，所用材料不同，但包装效果基本一样。

自从比较理想的拉伸薄膜如聚氯乙烯薄膜用于拉伸包装后，拉伸包装得到了飞速发展，而且从销售包装的领域扩展到运输包装的领域。除了对静电敏感的电子组件和易着火的器材以外,它几乎适用于一切产品的运输和销售包装。因为拉伸包装用于运输包装可以节省设备投资和材料、能源方面的费用,拉伸包装和收缩包装一样,也是很有发展前途的包装技术。

(一)常见的拉伸薄膜材料

(1)聚氯乙烯薄膜。使用最早,成本最低,自黏性甚佳,延展性和韧性均好,但应力滞留性差。

(2)乙烯-醋酸乙烯共聚物薄膜。常用的含醋酸乙烯10%~12%,自黏性、延展性、韧性和应力滞留性均好。我国已研制成功,经试用证明,能满足纸袋、塑料编织袋、瓦楞纸箱和木夹板包装商品的旋转缠绕裹包要求。

(3)线性低密度聚乙烯薄膜。与聚氯乙烯薄膜和乙烯-醋酸乙烯共聚物薄膜相比,线性低密度聚乙烯薄膜综合性能最好,是目前使用最多的一种拉伸薄膜。

用上述材料制成的拉伸薄膜的最终性能,还取决于所用原料的质量和加工工艺。

(二)常用的拉伸包装方法

拉伸包装方法按包装用途可分为用于销售包装的方法和用于运输包装的方法。

1. 用于销售包装的方法

1)手工操作

(1)从卷筒拉出薄膜,将产品放在其上卷起来(或浅盘盛产品,再放到薄膜上),然后向热封板移动,移动到一定位置时,用电热丝将薄膜切断,再移到热封板上进行封合。

(2)用手抓住薄膜卷的两端,进行拉伸。

(3)拉伸到所需程度,将两端的薄膜向下折至薄膜卷的底面,压在热封板上封合。

2)半自动操作

将包装工作中的一部分工序机械化或自动化,可减少劳动力、提高生产率。

3)全自动操作

现有的拉伸包装机中所采用的包装方法大体可分为两种。

(1)推式操作法:将产品放于浅盘内,由供给装置推至供给传送带上运到上推部位(浅盘的长边与前进方向垂直)。同时,将预先按需要长度切断的薄膜,送到上推部上方。用夹子把薄膜四边夹住,把被包装物品放于推杆顶部,上推部分上升。由于上推部分上升并顶着薄膜,薄膜被拉伸,然后松开左、右两边和后边的薄膜夹子,同时将这三边的薄膜向浅盘下面折进去。接着启动带有软泡沫塑料的输出传送带,将浅盘向前推移,前边的薄膜得到拉伸,与此同时,松开前面的薄膜夹子,把薄膜向浅盘下面折进去,随后将包装件送至热封板上,最后进行封合。这是现在拉伸包装用于销售包装的主要方法。

(2)连续直线式操作法:由供给装置将放在浅盘内的产品送至薄膜前(浅盘长边方向与前进方向垂直)。当前一个包装件的后部封切时,同时将两个卷筒的薄膜封合,被包装物品送至此处,继续向前推移时,使薄膜拉伸。当被包装物品全部被覆盖时,用封切刀将后部垫封并切断。然后将薄膜的左右两端拉伸,并向浅盘底面折进去,最后送至热封板上封合。这是自动拉伸包装最早出现的形式。包装较高产品时不够稳定,在使用上受到一定限制。

2. 用于运输包装的方法

拉伸包装用于运输包装时,按所用薄膜的不同,可分为整幅薄膜包装法和窄幅薄膜缠绕式包装法两类。

（1）整幅薄膜包装法。即用宽度与货物高度一样或更宽一些的整幅薄膜包装。这种方法适合包装形状方整的货物，既经济，效果又好，如用普通船装载出口货物的包装，20 kg 大袋包装，沉重而且不稳定的货物，以及单位时间内要求包装效率高的场合。这种方法的缺点是材料仓库中要储备多种幅宽的薄膜。常用设备的操作方式有以下两种。

① 直通式操作法。将货物放在输送带上，向前移动，在包装位置上有一个龙门式的架子，两个薄膜卷筒直立于输送带两侧，并装有摩擦拉伸辊。开始包装时，先将两卷薄膜的端部热封于货物上。当货物向前移动时，将薄膜包在其上，同时将薄膜拉伸，到达一定位置，将薄膜切断，端部黏于货物背后。这种方法所用设备与回转式操作法的一样，也有半自动的和全自动的。

② 回转式操作法。将货物放在一个可以回转的平台上，把薄膜端部黏在货物上，然后旋转平台，边旋转边拉伸薄膜进行缠绕裹包，转几周后切断薄膜，将末端黏在货物上。

将薄膜拉伸的基本方法有两种：一种是用摩擦辊限制薄膜从薄膜卷筒上被拉出的速度，从而拉伸薄膜，一般的拉伸率为 5%～55%；另一种是用两对回转速度不同的辊，薄膜输入辊的转速比输出辊的转速低一些，从而拉伸薄膜，拉伸率一般为 10%～100%。为了消除方形货物包装过程中四角处速度突增的不利因素，常装置气动调节器，以保持薄膜拉力均匀。

这种方法所用设备有半自动的，即在开始时黏上薄膜，结束时切断薄膜，由手工操作，也有全自动的。

（2）窄幅薄膜缠绕式包装法。用窄幅薄膜自上而下以螺旋线形式缠绕，直到裹包完成，两圈之间约有三分之一部分重叠。这种方法适合包装堆积较高或高度不一致的货物以及形状不规则或轻的货物。这种方法包装效率较低，但可使用一种幅宽的薄膜包装不同形状和堆积高度的货物。有用手工操作和用设备操作的。

① 将货物堆放在回转平台上，将薄膜从卷筒拉出，端部黏结在货物上部。然后回转平台，并带着货物旋转，薄膜一边缠绕，同时被拉伸。

② 开始操作时，薄膜卷筒位于支柱的顶端，随着薄膜的缠绕，卷筒向下移动，薄膜就在货物表面自上而下，形成螺旋式包装。

③ 将货物全部包严后，用切刀切断，用热封板把薄膜端部黏结起来，包装完毕。

（三）性能指标

1. 拉伸

拉伸是指薄膜受拉力后弹性伸长的能力。纵向拉伸将使薄膜变薄、宽度缩小。虽然纵向拉伸是有益的，但过度拉伸常常是不可取的。因为薄膜变薄、易撕裂，施加在包装件上的张力增大。

2. 许用拉伸

许用拉伸是指在一定用途下，为保持各种必需的特性，所能施加的最大拉伸。许用拉伸随不同用途而变化。当然，所取许用拉伸越大，所用薄膜越少，包装成本也越低。

3. 韧性

韧性是薄膜抗戳穿和抗撕裂的综合性质。抗撕裂能力是指薄膜在受张力并被戳穿时的抗撕裂程度。应当指出，抗撕裂能力的危险值必须取横向的（即与机器操作方向垂直），因为在此方向撕裂将使包装件松散，但在纵向发生撕裂，包装件仍能保持牢固。

4. 自黏性

自黏性是指薄膜之间接触后的黏附性，在拉伸缠绕过程中和裹包之后，能使包装商品紧固而不会松散。自黏性受外界环境多种因素影响，如湿度、灰尘和污染物等。获得自黏薄膜的主要方法有两种：一是加工表面光滑具有光泽的薄膜；二是用增加黏附性的添加剂，使薄膜的表面产生湿润效果，从而提高黏附性。考虑到受湿度、灰尘和材料刚性的影响，为了避免装货托盘靠在一起时薄膜相互黏结，单面粘贴的薄膜应用范围越来越广。

5. 应力滞留

应力滞留是指在拉伸裹包过程中，对薄膜施加的张力能保持的程度。对乙烯-醋酸乙烯共聚物、低密度聚乙烯和线性低密度聚乙烯薄膜，常用的应力滞留程度是：将薄膜原始长度拉伸至 130%，在 16 h 中松弛至 60%～65%；对聚氯乙烯薄膜松弛至 25%。

除了上述性能指标以外，其他性能，如光学性能和热封性能，可能对某些特殊包装件是重要的。

第三章　包装信息识别与采集技术

在包装加工及运输过程中，及时、准确地掌握包装货物在整个过程中的相关信息是实现包装系统信息化的核心之一，数据信息能否实时、方便、准确地采集并且高效地传递将直接影响整个包装流程的效能，甚至影响包装信息化保障实施的成败。因此，信息的识别与采集在包装领域中也起着相当重要的作用，是包装过程中一项最基本的工作。本章将阐述在包装领域中应用的各种自动识别与采集技术，重点阐述条码识别技术和射频识别技术。

第一节　包装信息识别与采集技术概述

一、包装信息识别与采集技术概念

随着信息技术的发展，超大规模集成电路和超高速计算机技术突飞猛进，计算机技术的数据处理、信息管理、自动控制等方面都得到了飞速的发展，而在数据输入方面却拖着计算机技术发展的后腿，如何改变手工数据输入现状，加快输入速度，减小错误发生率，降低劳动强度，使输入质量和速度大幅提高，成了急需解决的重要问题。信息识别与采集技术就是在这样的环境下应运而生的，它是以计算机技术、光电技术和通信技术为基础的一项综合性科学技术。

信息识别与采集技术包括信息识别技术与数据采集技术。信息识别技术是应用一定的识别装置，通过被识别物品和识别装置之间的接近活动，主动地获取被识别物品的相关信息，并提供给后台的计算机处理系统来完成相关后续处理的一种技术。数据采集技术是将外部模拟世界的各种模拟量，通过各种传感元件做适当转换，再经信号调理、采样、编码、传输等步骤，最后送到控制器进行数据处理或存储记录的一种技术。信息识别与采集技术一般简称为自动识别技术。

随着信息识别与采集技术的发展以及其在全球范围内的广泛应用，在包装领域中，信息识别与采集技术也取得了长足的进步，初步形成了一个包括条码识别技术、射频识别技术、生物识别技术、语音识别技术、图像识别技术等以计算机、光、电、通信等技术为一体的包装信息识别与采集技术。

包装信息识别与采集技术可以有效地提高数据采集的便利性和准确性，降低相关劳动的复杂程度，不但加快了各行业信息化建设的步伐，而且为其他信息技术的发展提供了重要的基础保证，在全球信息化和商业、物流、制造业等国民经济领域的信息化发展中扮演着越来越重要的角色。

包装信息识别与采集技术现已应用在包装工程的各个领域，我国包装信息识别与采集技术起步虽晚，但近几年发展很快，尤其是在供应链与物流管理中得到应用。包装信息识别与采集技术作为一种革命性的高新技术，正迅速为人们所接受。

二、包装信息识别与采集技术原理

一个完整的包装信息识别与采集系统模型一般由自动识别系统、应用程序接口或中间件、应用系统软件构成，如图 3-1 所示。自动识别系统完成系统的采集和存储工作，应用系统软件对自动识别系统所采集的数据进行应用处理，应用程序接口则提供自动识别系统和应用系统软件之间的通信接口，将自动识别系统采集的数据信息转换成应用系统软件可以识别和利用的信息，并进行数据传递。

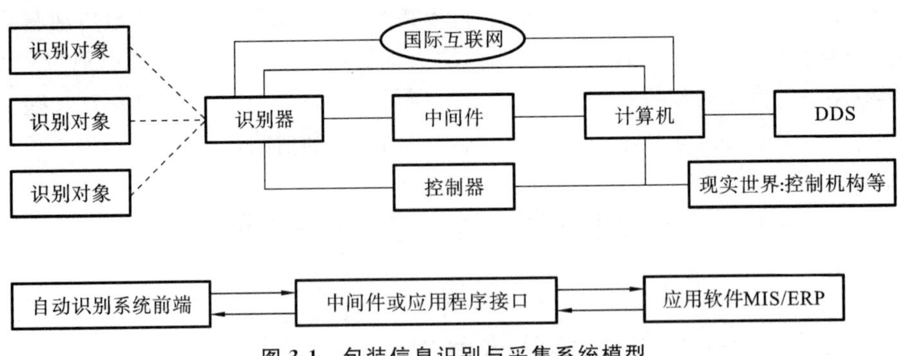

图 3-1　包装信息识别与采集系统模型

注：DDS—数据分发服务；MIS—管理信息系统；ERP—企业资源计划。

包装信息识别与采集系统的输入信息包括特定格式信息和图像图形格式信息。特定格式信息就是采用规定的表现形式来表示规定的信息，如条码符号、智能卡（IC 卡）中的数据格式都属于此类信息。图像图形格式信息则是指二维图像与一维波形等信息，如二维图像所包括的文字、地图、照片、指纹与语音等一维波形均属于这一类信息。特定格式信息由于信息格式固定且具有量化特征，数据量相对较小，其识别系统模型也较为简单，如图 3-2 所示。

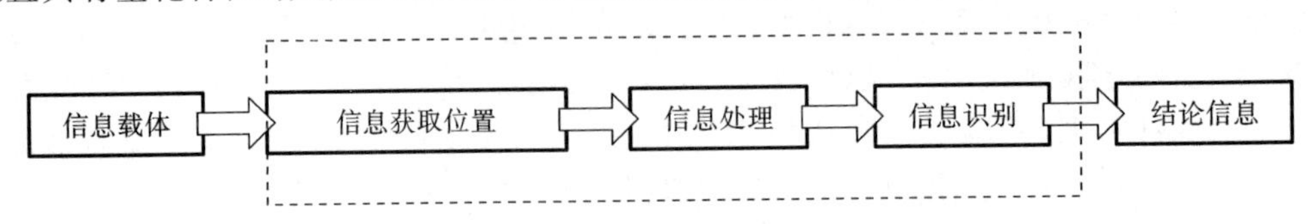

图 3-2　特定格式信息的识别系统模型

获取和处理图像图形格式信息的过程相对特定格式信息来说要复杂很多。首先，它没有固定的信息格式；其次，为了让计算机能够处理这些信息，必须使其量化，而量化的结果往往会产生大量的数据；最后，还要对这些数据进行大量的计算与特殊的处理。因此其识别系统模型也较为复杂，图像图形格式信息的识别系统模型如图 3-3 所示。

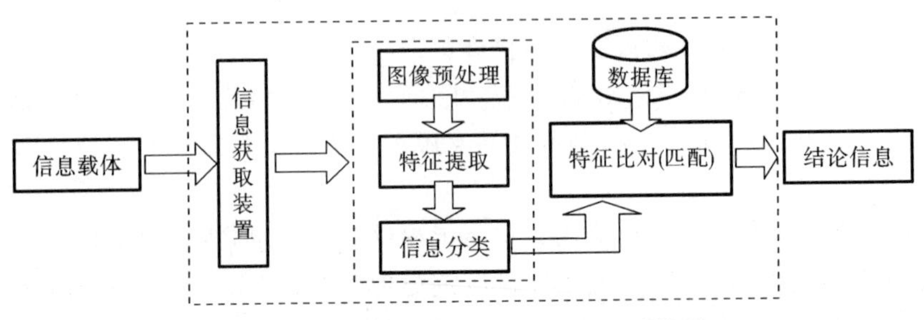

图 3-3　图像图形格式信息的识别系统模型

三、包装信息识别与采集技术分类

包装信息识别与采集技术有两种分类方法：一种是按照数据采集技术进行分类，其基本特征是被识别物体要具有特定的识别特征载体，可以分为光存储器、磁存储器和电存储器三种；另一种是按照特征提取技术进行分类，其基本特征是根据被识别物体本身的行为特征来完成数据的自动采集，可以分为静态特征、动态特征和属性特征。包装信息识别与采集技术分类如图 3-4 所示。

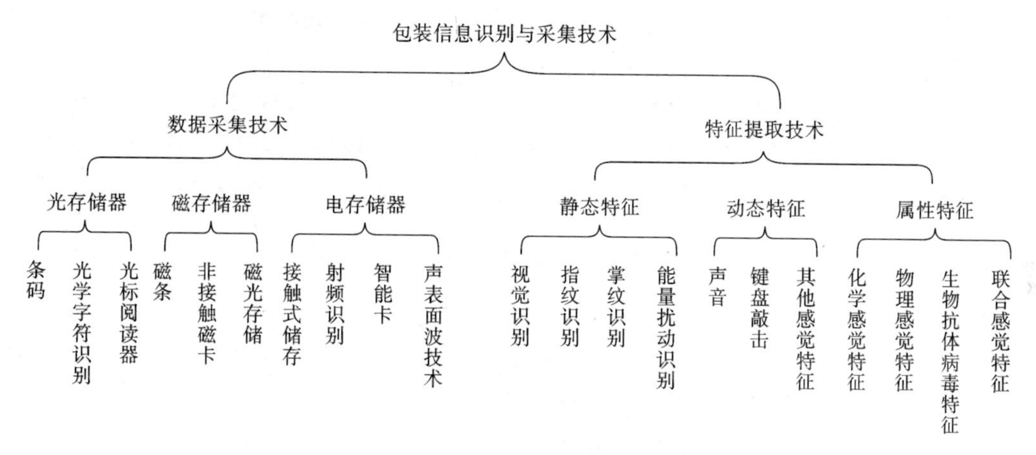

图 3-4　包装信息识别与采集技术分类

四、包装信息识别与采集技术发展趋势

信息已经成为当今和未来社会最重要的战略资源之一，人类认识世界和改造世界的一切有意义的活动都离不开信息资源的开发、加工和利用。信息技术的突飞猛进，使得它的应用已经渗透到社会的各行各业，极大地提高了社会的生产力水平，同时也促进了许多相关技术的飞速发展。

目前，包装信息识别与采集技术发展很快，相关技术的产品正朝着多功能、远距离、小型化、软硬件并举、信息传递快速、安全可靠、经济适用等方向发展。许多新型技术装备出现，其应用也正在朝着纵深方向发展。随着人们对自动识别技术认识的加深，以及其应用领域的扩大、应用层次的提高，包装信息识别与采集技术具有光明的发展前景。包装信息识别与采集技术的发展趋势主要有以下几个方面。

（一）自动识别系统向多种识别技术集成化发展

事物的要求往往是多样性的，而一种技术的优势只能满足某一方面的需求。这种矛盾，必然使人们将几种技术集成应用，以满足事物多样性的要求。例如，将生物特征识别技术与条码识别技术、射频识别技术集成，利用二维条码、电子标签数据存储量大的特点，可将人的生物特征如指纹、虹膜等信息存储在二维条码、电子标签中，现场进行脱机认证，既提高了效率，又节省了联网在线查询的成本，同时极大地提高了应用的安全性。又如，对一些有高度安全要求的场合，需进行必要的身份识别，防止未经授权的进出，此时可集成多种识别技术来实施对不同级别身份的识别。对一般级别身份的识别可采用带有二维条码的证件，对特殊级别身份的识别可使用在线签名的笔迹，对绝密级别身份的识别则可应用虹膜识别技术（存储在电子标签或二维条码中）。

（二）自动识别技术的智能化水平越来越高

目前，自动识别的输出结果主要用来取代人工输入数据和支持人工决策，在用于进行“实时”控制方面还不广泛。随着对控制系统智能水平的要求越来越高，仅仅依靠测试技术已经不能全面地满足需要，所以自动识别技术与控制技术紧密结合的端倪开始显现出来。在此基础上，自动识别技术需要与人工智能技术紧密结合。目前，自动识别技术还只是初步具有处理语法信息的能力，并不能理解已识别出的信息的意义。要想真正实现具有较高思维能力的机器，就必须使机器不仅具备处理语法信息的能力，还必须具备处理语义信息和语用信息的能力，否则就谈不上对信息的理解，而只能停留在感知的水平上。所以，提高对信息的理解能力，从而提高自动识别系统处理语义信息和语用信息的能力是自动识别技术向纵深发展的一个重要趋势。

（三）自动识别技术的应用领域将不断被拓宽，并向纵深发展

自动识别技术中的条码识别技术最早应用于零售业，此后不断向其他领域延伸和拓展。例如，目前条码识别技术的应用市场主要集中在物流运输、零售和工业制造三个领域。随着二维条码的发展，一些新兴的条码识别技术的应用在政府、医疗、商业服务、金融、出版等领域正悄然兴起，并以较高的速度增长。从应用的发展趋势来看，条码识别技术正向着生产自动化、交通运输现代化、金融贸易国际化、医疗卫生高效化、安全防盗防伪保密化等方向发展。

随着射频识别（RFID）技术的发展以及其成本的降低，RFID 技术的应用领域越来越广泛，如物流运输、市场流通、信息、食品、医疗、商品防伪、金融、养老、教育文化、劳动就业、智能家电、犯罪监视等领域。

第二节　条码识别与信息采集技术

条码识别技术是在计算机的应用实践中产生和发展起来的一种自动识别技术。它是为实现对物品信息的自动扫描而设计的，是快速、准确采集数据的有效手段。目前，条码识别技术已在包装领域实现了全方位的应用，进而提高了包装工程中各环节的信息采集能力，为实现包装信息在不同的经济主体及其职能部门之间的共享奠定了基础，同时也促进了包装工程中各环节之间的相互协调和紧密配合。

一、条码识别技术概述

（一）条码的产生与发展

条码最早出现在 20 世纪 40 年代，但得到实际应用和发展是在 20 世纪 70 年代左右。早在 20 世纪 40 年代，美国乔·伍德兰德等工程师就开始研究用代码表示食品项目及相应的自动识别设备，于 1949 年获得了美国专利。这种代码的图案很像微型射箭靶，被叫作“公牛眼”代码。

1970年，美国超级市场Ad Hoc委员会制定了通用商品代码(UPC)，UPC首先在杂货零售业中试用。1973年，美国统一代码委员会(UCC)建立了UPC商品条码应用系统，为条码识别技术在商业流通销售领域中的广泛应用奠定了基础。

1974年，Inte rmec公司的戴维·阿利尔博士推出39码，该码很快被美国国防部采纳，作为军用条码码制，后来，39码广泛应用于工业领域。

1977年，欧洲共同体在UPC-A商品条码的基础上，开发出欧洲物品编码系统，简称EAN系统。1981年，EAN发展成为一个国际性组织，改称为国际物品编码组织。

20世纪80年代以后，条码识别技术以及识读设备得到快速发展，人们制定了一系列标准，如美国军用标准1189、美国国家标准学会(ANSI)标准以及一些行业标准。同时，49码、PDF(portable data file)417码、QR(quick response)码等二维条码得到广泛应用。

1988年年底，我国成立中国物品编码中心。1991年，中国物品编码中心代表我国加入国际物品编码组织。

（二）条码的分类及特点

1. 条码分类

条码按照不同的分类方法、不同的编码规则可以分成多种类型，现在已知国内外正在使用的条码就有250多种。条码的分类方法有多种，主要依据条码的编码结构和条码的性质来决定。按照维数，条码可分为一维条码、二维条码和三维条码。

1）一维条码

一维条码，按条码的长度，可分为定长条码和非定长条码；按排列方式，可分为连续型条码和非连续型条码；按校验方式，可分为自校验条码和非自校验条码等；按条码应用，可分为商品条码、物流条码和其他条码等，商品条码包括EAN、UPC等；物流条码包括128码、ITF(interleaved two of five)码、39码、库德巴码等。

2）二维条码

二维条码根据构成原理和结构形状的差异，可分为两大类：一类是堆叠式二维条码(行列式二维条码)，如PDF417码、49码、CODE 16K等；另一类是矩阵式二维条码(棋盘式二维条码)，如QR码、Data Matrix、龙贝码、Code One、Maxi Code等。

3）三维条码

随着条码应用的进一步普及，人们对条码的信息容量提出了更高的要求，希望条码能够承载更多的信息。因此，在二维条码的基础上引入高度的概念，利用色彩或灰度(或称黑密度)表示不同的数据并进行编码，将条码的维度从二维增加到三维，从而使编码容量大幅提高，这种条码称为彩色码或三维码。将三维条码技术与图像识别技术结合，通过等宽双色条码的识别处理，可实现奶牛个体的自动识别。

2. 条码特点

与其他自动识别技术相比，条码识别技术主要有以下特点。

1）信息采集速度快

普通计算机的键盘录入速度是200字符/分钟，利用条码扫描录入信息的速度是键盘录入信息的速度的20倍。

2）信息可靠性高

采用键盘录入数据，误码率为三百分之一，采用条码扫描录入数据，误码率仅为百万分之一，首读率可达 98％以上。

3）信息采集量大

一维条码扫描一次可以采集几十位字符的信息；二维条码扫描一次可采集数百至上千位字符的信息，可以包括图片等其他格式的信息。

4）使用灵活

条码符号作为一种识别手段可以单独使用，可以和有关设备组成识别系统实现自动化识别，还可和其他控制设备联系起来实现整个系统的自动化管理。

5）采集自由度大

对于一维条码，条码符号在条的方向上有部分残缺，仍可从正常部分识读正确的信息；二维条码，如 PDF 码、QR 码的纠错能力可达 50％。

6）识别设备结构简单，成本低

条码符号识别设备的结构简单，操作容易，与其他自动化识别技术相比，推广、应用条码技术所需的费用较低。

二、一维条码识别技术

（一）一维条码的概念

一维条码是由一组排列规则的条、空及对应字符组成的标记，用以表示一定的信息，并需要通过数据库建立条码与商品信息的对应关系，当条码数据被传送到计算机中时，由计算机中的应用程序对数据进行进一步操作和处理。普通的一维条码在使用过程中仅作为识别信息，它所对应的商品信息常通过查询数据库获得。

EAN 系列是国际物流及商业通用的条码符号标识体系，主要用于商品贸易单元的标识，具有固定的长度；UPC 主要应用于北美地区；交叉 25 码主要应用于包装、运输领域；EAN-128 条码是由国际物品编码组织和美国统一代码委员会联合开发、共同推广的一种主要用于物流单元标识的条码，它是一种连续型、非定长的高密度条码，可以表示生产日期、批号、数量、规格、保质期、收货地等许多商品信息；库德巴码主要应用于血库、图书馆等单位，用于物品的跟踪管理。

（二）一维条码的结构

一个完整的一维条码符号由两侧空白区、起始字符、数据字符、校验字符和终止字符组成，如图 3-5 所示。

空白区：条码左右两端外侧与空的反射率相同的限定区域，它能使阅读器进入准备阅读的状态。

起始字符：条码符号的第一位字符，用来标识一个条码符号的开始。扫描器首先确认此字符的存在，然后处理由扫描器获得的一系列脉冲信号。

数据字符：位于起始字符后面的字符，用来标识一个条码符号的具体数值。

校验字符：用来判定此次阅读是否有效的字符，通常表示一种算术运算的结果。扫描器读入条码进行解码时，先对读入的各字符进行运算，如果运算结果与校验字符相同，则判定此次阅读有效。

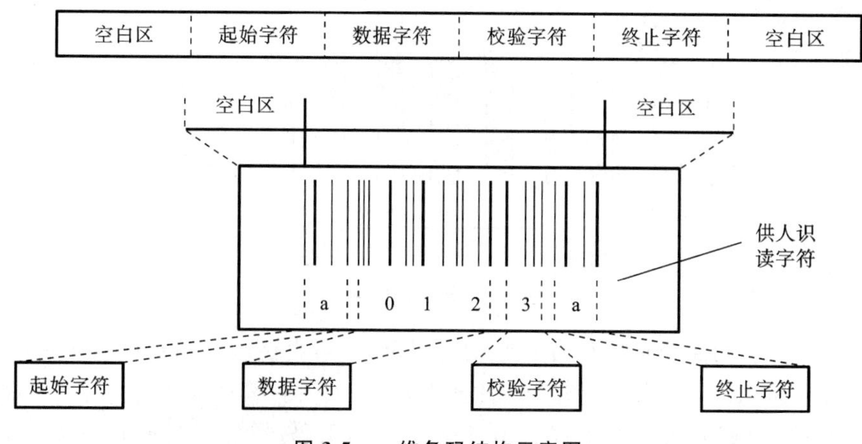

图 3-5　一维条码结构示意图

终止字符:条码符号的最后一位字符,用于标识一个条码符号的结束。它也具有特殊的条、空结构。扫描器识别到终止字符意味着条码符号已扫描完毕。

(三) 一维条码的编码方法

条码的编码方法是指条码中条、空的编码规则以及二进制的逻辑表示的设置。条码的编码方法就是要通过设计条码中条与空的排列组合来表示不同的二进制数据。条码的编码系统是条码的基础,不同的编码系统规定了不同用途的代码的数据格式、含义及编码原则。编制代码时须遵循有关标准或规范,根据应用系统的特点与需求选择合适的代码及数据格式,并且遵守相应的编码原则。一维条码的编码方法有两种:模块组合法和宽度调节法。

模块组合法是指条码符号中,条与空由标准宽度的模块组合而成。一个标准宽度的条表示二进制的"1",而一个标准宽度的空表示二进制的"0",如图 3-6 所示。

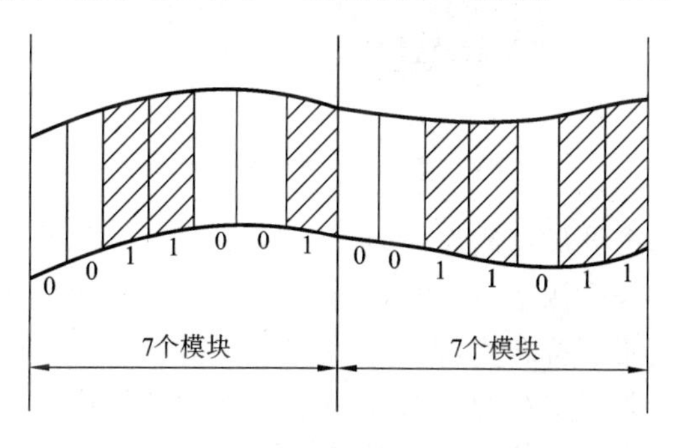

图 3-6　模块组合法

宽度调节法是指条码中,条与空的宽窄设置不同,以窄单元(条或空)表示逻辑值"0",宽单元(条或空)表示逻辑值"1",宽单元的宽度通常是窄单元的 2～3 倍,如图 3-7 所示。

(四) 典型一维条码

一维条码的类型很多,但在国际上通用的标准主要有商品条码(EAN/UPC)、贸易单元 128 条码(EAN/UCC-128)、交叉 25 码,我国也制订了相应的国家标准。

1. 商品条码(EAN/UPC)

20 世纪 70 年代,商品条码最早出现于美国超级市场,继而由欧洲发展出 EAN,推广至全

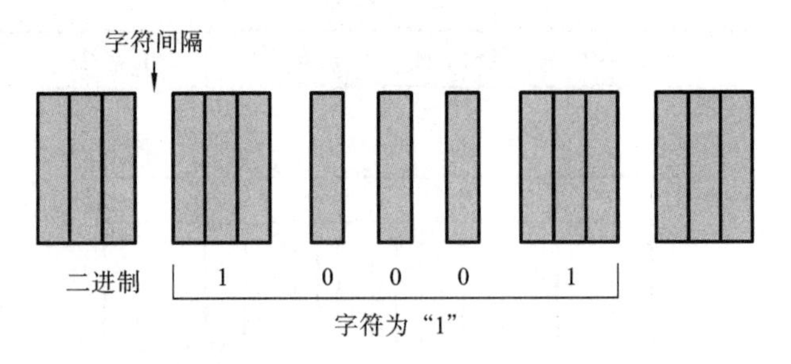

图 3-7　宽度调节法

世界。就 EAN 而言，每个申请国均有其专属的国家码，再由该国专司机构管理境内厂商，使每个申请厂商有其专属的厂商码。对于经注册登记后的厂商，其产品可被赋予一个属于产品本身的商品条码，也就是说每种产品仅有一个对应的条码，类似于我们独一无二的身份证号码。

商品条码使用至今，已得到相当广泛的应用，商品条码包括四种形式的条码符号：EAN-13、EAN-8、UPC-A 和 UPC-E。这里对 EAN-13 商品条码进行详细介绍。

1）EAN -13 商品条码的结构

EAN-13 商品条码由左侧空白区、起始字符、左侧数据字符、中间分隔字符、右侧数据字符、校验字符、终止字符、右侧空白区及供人识别字符组成，如图 3-8 所示。

图 3-8　EAN-13 商品条码结构

左侧空白区：位于条码符号最左侧与空的反射率相同的区域，其最小宽度为 11 个模块宽。

起始字符：位于条码符号左侧空白区的右侧，表示信息开始的特殊符号，由 3 个模块组成。

左侧数据字符：位于起始字符右侧，表示 6 位数字信息，由 42 个模块组成。

中间分隔字符：是平分条码字符的特殊符号，由 5 个模块组成。

右侧数据字符：表示 5 位数字信息的一组条码字符，由 35 个模块组成。

校验字符：位于右侧数据字符的右侧，表示校验码的条码字符，由 7 个模块组成。

终止字符：位于校验字符的右侧，表示信息结束的特殊符号，由 3 个模块组成。

右侧空白区：位于条码符号最右侧与空的反射率相同的区域，其最小宽度为 7 个模块宽。

2）商品条码字符集

商品条码数据字符由 2 个条和 2 个空构成，每一个条或空由 1～4 个模块组成，每一个条码字符的总模块数为 7。用二进制"1"表示条的模块，用二进制"0"表示空的模块。商品条码可表示 10 个数字字符，其字符集是数字 0～9。商品条码字符集的二进制表示见表 3-1。

表 3-1 商品条码字符集的二进制表示

数 字 符	左侧数据字符		右侧数据字符
	A	B	C
0	0001101	0100111	1110010
1	0011001	0110011	1100110
2	0010011	0011011	1101100
3	0111101	0100001	1000010
4	0100011	0011101	1011100
5	0110001	0111001	1001110
6	0101111	0000101	1010000
7	0111011	0010001	1000100
8	0110111	0001001	1001000
9	0001011	0010111	1110100

3）EAN-13 商品条码的校验码

EAN-13 商品条码是自校验条码，最后一位字符为校验码，校验码代表一种算术运算的结果，阅读器在对条码进行解码时，对读入的各字符进行运算，如果运算结果与校验码相同，则判定此次阅读有效。如图 3-9 所示，数字“2”为校验码。

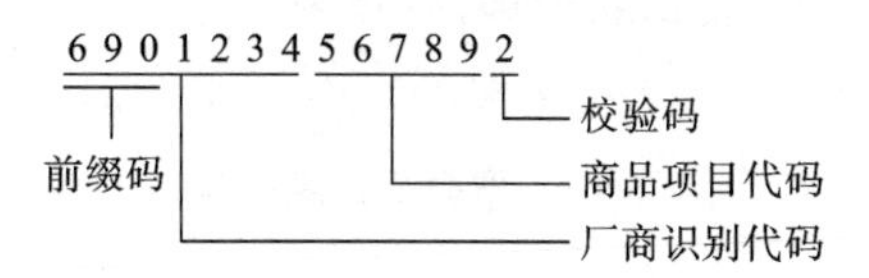

图 3-9 EAN-13 商品条码的校验码

校验码的计算步骤为：将此 13 位字符按从右到左的顺序编号，校验字符为第 1 号；从第 2 号位置开始，将所有偶数号位置上的字符值相加，然后将此结果乘以 3；从第 3 号位置开始，将所有奇数号位置上的字符值相加；将第 2、3 步骤中的结果相加，所得值与 10 的倍数的最小差值，正好为校验字符的值。

2. EAN-128 条码

EAN-128 条码是一种长度可变的连续型高密度条码，可表示 ASCII0～ASCII127 共 128 个字符，故称 128 条码。与其他一维条码相比，128 条码所使用的条码字符除了可以是数字、英文字母、标点符号以外，还可以是部分控制字符。条码字符的长度根据不同的应用领域，可在 3～33 之间变化，并且在编制条码的过程中，又有不同的编码方式可供选择、使用，因此 128 条码是一种较为复杂的条码。128 条码广泛应用于企业内部管理、生产流程和物流控制系统等领域，由于其具有优良的特性经常被用于管理信息系统的设计中。

EAN-128 条码由 A、B、C 三套字符集组成，包括数据字符、校验字符、终止字符，其中 C 字符集能以双倍的密度来表示全部数字的数据。它能够更多地标识贸易单元的信息，如产品批号、数量、规格、生产日期、交货地、有效期等。我国制定的《贸易单元 128 条码》GB/T 15425—94 的应用的效益有：变动性产品资讯的条码化；国际流通的互通协议标准；产品运送较佳的品质管理；更有效地控制生产及配送；提供更安全可靠的供给线等。

三、二维条码识别技术

（一）二维条码的概念

二维条码是用某种特定的几何图形按一定规律在平面(二维方向)上分布的黑白相间的图形记录数据符号信息的;它在代码编制上巧妙地利用构成计算机内部逻辑基础的"0""1"比特流的概念,通过使用若干与二进制对应的几何形体来表示文字数值信息。通过图像输入设备或光电扫描设备自动进行条码识读以实现信息自动处理。二维条码能够在横向和纵向两个方向上同时表达信息,因此它能在很小的面积内表达大量的信息。

二维条码根据构成原理和结构形状的不同,可分为两大类。一类是堆叠式二维条码(行列式二维条码),其编码原理建立在一维条码的基础上,将多个一维条码在纵向进行堆叠。堆叠式二维条码的典型代表有 PDF417 码、49 码、CODE 16K 等,如图 3-10 所示。

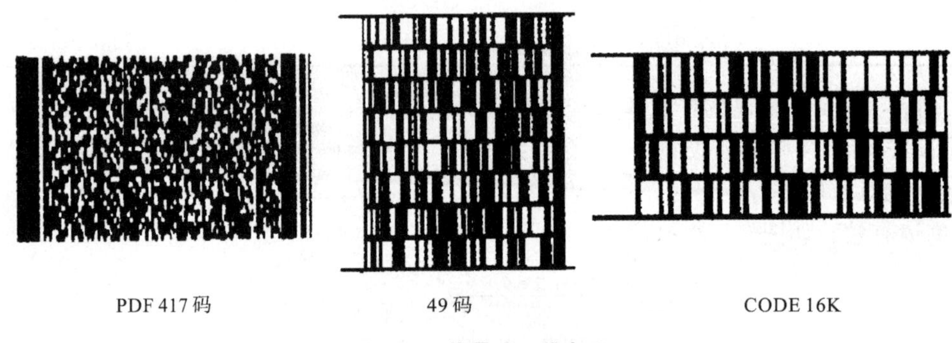

图 3-10 堆叠式二维条码

另一类是矩阵式二维条码(棋盘式二维条码),矩阵式二维条码是建立在计算机图像处理技术、组合编码原理等基础上的一种新型图形符号自动识读处理码制,以矩阵的形式组成,点代表"1",点不出现代表"0",点的排列组合确定了矩阵码所代表的意义。矩阵式二维条码的典型代表有 QR 码、Data Matrix、Code One、Maxi Code、汉信码、龙贝码等,如图 3-11 所示。

图 3-11 矩阵式二维条码

（二）二维条码的特点

二维条码的主要特点是二维条码符号在水平和垂直方向均表示数据信息。二维条码除了具有一维条码的优点以外,还具有编码密度高、信息容量大、编码范围广、容错能力强、具有纠错能力、译码可靠性高、可引入加密措施、保密性和防伪性高、成本低、易制作、持久耐用等特点。

1. 编码密度高，信息容量大

二维条码符号在水平和垂直方向均表示数据信息，正是这一特点使得其信息容量比一维条码的信息容量大得多。一般地，一个一维条码符号大约可容纳 20 个字符；而一个二维条码符号可容纳上千个字符。例如，在国际标准的证卡有效面积上（相当于信用卡面积的 2/3，约为 76 mm×25 mm）PDF417 码可以容纳 1848 个字母字符或 2729 个数字字符，约 1000 个汉字信息，比普通条码的信息容量高几十倍。QR 码用数据压缩方式表示汉字，仅用 13 bit 即可表示一个汉字，比其他二维条码表示汉字的效率提高了 20%。这为二维条码表示汉字、图像等信息提供了便利。

2. 编码范围广

大多数一维条码所能表示的字符集不过是 10 个数字、26 个英文字母及特殊字符。用一维条码表示其他含有大量编码的语言文字（如汉字）是不可能的。二维条码可以把图片、声音、文字、签字、指纹等可以数字化的信息进行编码，用条码表示出来；可以表示多种语言文字，可表示图像数据。

3. 译码可靠性高，容错能力强，具有纠错能力

二维条码引入了错误纠正机制。这种机制使得二维条码发生穿孔、污损等引起局部损坏时，照样可以得到正确识读，损毁面积达 50%时仍可恢复信息，如图 3-12 所示。例如，在 PDF417 码中，某一行除了包含本行的信息以外，还包含一些反映其他位置的字符（错误纠正码）的信息。这样，即使条码的某部分遭到损坏，也可以通过存于其他位置的错误纠正码将其信息还原出来。PDF417 码的纠错能力根据错误纠正码字数的不同分为 0～8 级，共 9 级，级别越高，错误纠正码字数越多，纠正能力越强，条形码也越大。当纠正能力的等级为 8 时，即使条形码污损 50%也能被正确读出。QR 码具有四级纠错能力：L 级，约可纠错 7%的数据码字；M 级，约可纠错 15%的数据码字；Q 级，约可纠错 25%的数据码字；H 级，约可纠错 30%的数据码字。

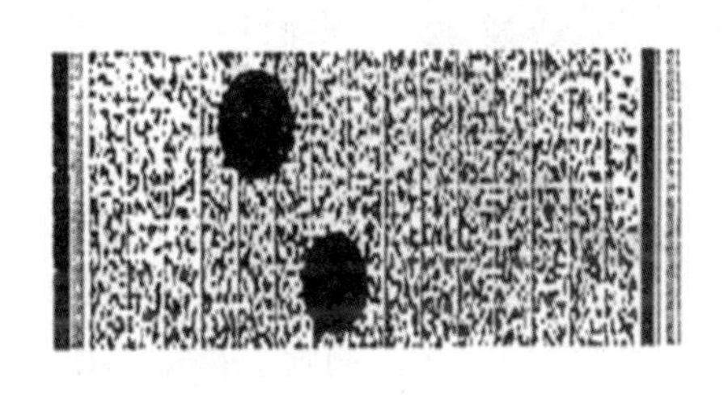

图 3-12　二维条码的错误纠正机制

4. 可引入加密措施，保密性和防伪性高

可引入加密措施是二维条码的又一优点。例如，PDF417 码具有多重防伪特性，它可以采用密码防伪、软件加密，以及利用所包含的信息如指纹、照片等进行防伪，因此具有极高的保密性和防伪性。龙贝码具有四种加密措施：特殊掩膜码加密、分离信息加密、不同等级加密、用户自行加密。

5. 成本低，易制作，持久耐用

利用现有的点阵、激光、喷墨、热敏/热转印、制卡机等打印技术，即可在纸张、卡片，甚至金属表面上印出二维条码，由此所增加的费用仅是油墨的成本，因此人们又称二维条码是“零成本”技术。

（三）典型二维条码

1. PDF417 码

PDF417 码是留美华人王寅敬（音译）博士发明的，取自 portable data file 三个英语单词的首字母，意为“便携数据文件”。因为组成条码的每一符号字符都是由 4 个条和 4 个空共 17 个模块构成的，所以称为 PDF417 码。PDF417 码示例如图 3-13 所示。

PDF417 码是一种多层、可变长度、具有高容量和错误纠正能力的连续型二维条码。每个 PDF417 码符号可以表示超过 1100 个字节、1800 个 ASCII 字符或 2700 个数字的数据，其具体数量取决于所表示的数据的种类及表示模式。

PDF417 码符号具有一个多行结构。符号的顶部和底部为空白区。上、下空白区之间为多行结构。每行数据的符号字符数相同，行与行左右对齐、直接衔接。其最小行数为 3，最大行数为 90。每行构成为左空白区、起始字符、左层指示符号字符、1～30 个数字符号字符、右层指示符号字符、终止字符、右空白区。PDF417 码结构如图 3-14 所示。

图 3-13　PDF417 码示例

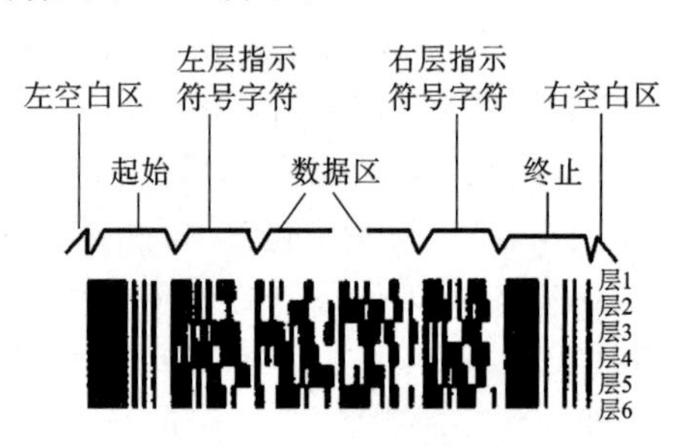

图 3-14　PDF417 码结构

2. QR 码

图 3-15　QR 码

QR 码是由日本 Denso-Wave 公司于 1994 年 9 月研制的一种矩阵式二维条码，它除了具有一维条码及其他二维条码所具有的信息容量大、可靠性高、可表示汉字和图像多种文字信息、保密防伪性能好等优点以外，还具有高速全方位识读、能有效表示汉字等特点。QR 码如图 3-15 所示。

QR 码的英文全称为 quick response code，由此可看出，超高速识读是 QR 码区别于其他二维条码的主要特点。由于在用电荷耦合器体（CCD）识读 QR 码时，整个 QR 码符号中信息的读取是通过 QR 码的位置探测图形来实现的，因此，信息识读所需时间很短。用 CCD 二维条码识读设备，每秒可识读 30 个含有 100 个字符的 QR 码符号；对于含有相同数据信息的 PDF417 码符号，每秒仅能识读 3 个字符。QR 码的超高速识读特点使它能够广泛应用于工业自动化生产线管理等领域。

QR 码具有全方位（360°）识读特点，这是 QR 码优于行列式二维条码，如 PDF417 码的另一主要特点，由于 PDF417 码是将一维条码符号在行排高度上进行截短来实现的，因此，它很难实现全方位识读，其识读方位角仅为 10°。

由于 QR 码用特定的数据压缩模式表示汉字，它仅用 13 bit 可表示一个汉字，而 PDF417 码、Data Matrix 等二维条码没有特定的汉字表示模式，因此仅用字节表示模式来表示汉字，在用字节模式表示汉字时，需用 16 bit（两个字节）表示一个汉字，因此 QR 码比其他二维条码表示汉字的效率提高了 20%。

QR 码符号共有 40 种规格，分别为版本 1 到版本 40。版本 1 的规格为 21 模块×21 模块，版本 2 的规格为 25 模块×25 模块，以此类推，每一版本符号比前一版本每边增加 4 个模块，直到版本 40，规格为 177 模块×177 模块。

3. 汉信码

汉信码由中国物品编码中心研发，是我国拥有完全自主知识产权的二维码。汉信码作为一种矩阵式二维条码，具有汉字编码能力强、抗污损、抗畸变、信息容量大等特点，并且具有广阔的市场前景。汉信码提供四种纠错等级，使得用户可以根据自己的需要在 8%、15%、23% 和 30%各种纠错等级上进行选择，从而具有很强的适应能力。汉信码如图 3-16 所示。

4. 龙贝码

龙贝码（LP code），是我国完全自主研发的并具有国际领先水平的全新码制，如图 3-17 所示。

图 3-16 汉信码

图 3-17 龙贝码

龙贝码与国际上现有的二维条码相比，具有更高的信息密度、更强的加密功能、可以对所有汉字进行编码、适用于各种类型的识读器、可使用多达 32 种语言系统、具有多向性编码和译码功能、极强的抗畸变功能、可对任意大小及长宽比的二维条码进行编码和译码等，其技术优势主要包括以下几个方面。

1）信息密度高

条码的信息密度是指单位条码面积所能存储的信息量。在相同的信息内容、纠错能力及最小分辨尺寸的情况下，条码的信息密度与条码的面积成反比。在相同的编码信息（01234567890123456789）、纠错能力（10%）及最小分辨尺寸的情况下，龙贝码所占面积约为 PDF417 码所占面积的 6%，为 QR 码所占面积的 44%，可见龙贝码在这三种条码中具有最高的信息密度。

2）多向性编码和译码功能

二维条码是一种在结构和原理上与一维条码、堆栈码完全不同的条码，其编码信息序列按照一定的分布规律被放置于编码区域（encoding region）内的编码信息单元上，所以必须对编码信息进行定向。为了使图像处理系统在译码时能找到与编码时相同的起始点，现有二维条码全都采用各种类型的功能图形（function pattern）来对起始点进行定位。例如，在 QR 码中，其码形区域四个角中的其中三个上设有特殊的位置探测图形；又如 Maxi Code 中设计了条码寻找标志（finder pattern），其中心有一组同心圆，并用该同心圆旁边的六组定位信息单元（每组三个定位信息单元）来定位它们各自的起始点。由此可见，二维条码的这种定位方式存在如下缺点：首先，定位起始点的功能图形将占用一定的条码有效面积，减小了编码区域的面积，从而导致信息密度降低。其次，更为严重的是，用于定位二维条码起始点的功能图形缺乏任何保护措施，一旦这些功能图形受损，将会直接导致译码失败。而龙贝码是二维条码中唯一具有多向性编码和译码功能的条码，这不仅降低了对那些衰退样本的译码出错率，还大大提高了龙贝码的数据密度。

3）全方位同步信息

龙贝码是一种具有全方位同步信息功能的二维条码系统，这是龙贝码不同于其他二维条码的又一重要特点。龙贝码本身就能提供非常强的同步信息，根本改变了以往矩阵式二维条码对识读器系统同步性能要求很高的现状，它是面向各种类型条码识读设备的一种先进的矩阵式二维条码。它不仅适用于二维 CCD 识读器，还能更方便、更可靠地适用各种类型的、廉价的采用一维 CCD 的条码识读器，甚至不采用任何机械式或电子同步控制系统的简易卡槽式及笔式识读器。这样可以降低产品的成本，提高识读器工作的可靠性。由于龙贝码采用了全方位同步信息的特殊方式，其还可以有效地克服对现有二维条码抗畸变能力很差的缺陷，这些全方位同步信息可有效地用来指导对各种类型畸变的校正和图像的恢复。

4）多重信息加密功能

龙贝码具有多重信息加密功能，主要有：特殊掩膜码加密，当叠加到相当于二进制数 8960 位时，其加密能力最强，破译难度最大，适用于物资基本信息在开发媒体中传输；分离信息加密，可以根据特殊的要求，把编码信息分离存放在条码和识读器内，只有当分离存放的信息可以完整对应和结合时，才可以解码，这样只有用专用的识读器才能解读这种特殊的龙贝码。一个龙贝码可以允许同时对不同的信息组以不同的等级进行加密，允许用户自行可靠地进行加密，允许用户根据物资信息安全需要自行对不同的信息组以不同的等级进行加密和不同的加密方式进行加密。

5）多种及多重语言系统

龙贝码可采用不同语言进行编码，设计有可使用多达 32 种文字的语言对接系统。龙贝码不仅可以用多种语言进行编码，还可以用多重语言进行编码。所谓的多重语言进行编码，就是在同一个龙贝码上面允许同时用两种语言进行编码。龙贝码以英语为常驻系统，同时可以任选一种其他语言系统。

6）可以任意连续调节龙贝码的外形及长宽比

龙贝码提出了一种全新的通用的对信息在编码区域中进行合理分配的算法，不仅能更好地适应纠错编码算法对矩阵编码信息在编码区域中分配的特殊要求，大幅简化了编码/译码程序，还首次实现了二维矩阵条码对外形比例的任意设定。龙贝码可以对任意大小及长宽比的二维条码进行编码和译码，因此龙贝码在尺寸、形状上有极大的灵活性。龙贝码长宽比任意变化示意图如图 3-18 所示。

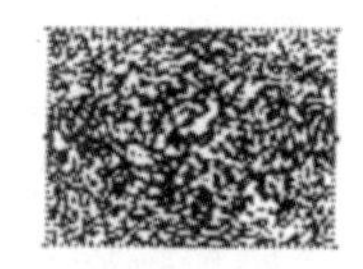

图 3-18　龙贝码长宽比任意变化示意图

四、条码识读原理与设备

（一）条码识读原理

条码的阅读与识别涉及光学、电子学、计算机数据处理等多种学科。通常，其识别过程要经过以下环节。

（1）要求建立一个光学系统。该光学系统能够产生一个光点，该光点能够在自动或手动控制下，在条码信息上沿某一路线做直线运动。另外，要求该光点直径与待扫描条码中最窄的条的宽度基本一致。

（2）要求有一个接收系统。该接收系统能够采集光点在条码条符上运动时反射回来的反射光。光点打在黑色条符上的反射光弱，而打在白色条符及左右空白区上的反射光强，通过对所接收到的反射光强弱及其延续时间的测定，可对黑色条符或白色条符进行分辨，并可识别出条符的宽窄。

（3）要求有一个电子电路系统。该系统能够将接收的光信号不失真地转换为电脉冲信号。

（4）要求建立某种算法。通过该算法对已经获取的电脉冲信号进行译码，从而得到所需信息。

条码的识读器通常包括以下几个部分：光源、接收装置、光电转换部件、译码电路和计算机接口。其基本工作原理为：光源发出的光通过光学系统照射到条码符号上；条码符号反射的光经光学系统在光电转换器上成像；光电转换器在接收到光信号后，产生一个与光强度成正比的模拟电压，模拟电压通过整形处理，被转换成矩形脉冲，矩形脉冲是一个二进制脉冲信号；译码器将二进制脉冲信号翻译成计算机可直接使用的数据。一维条码的识读原理如图 3-19 所示。

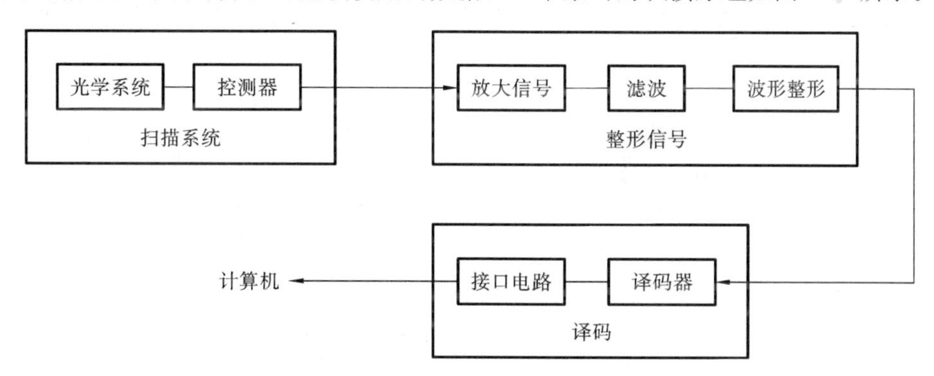

图 3-19　一维条码的识读原理

二维条码识读原理分为两种情况。对于堆叠式二维码（如 PDF417 码），其识读原理与一维条码的识读原理相同，对于矩阵式二维条码，其识读原理为采用面阵 CCD 摄像方式将条码图像摄取后进行分析和解码。

（二）条码识读设备

1. 一维条码识读设备

一维条码识读设备大体可分为接触式、非接触式、手持式和固定式扫描器等。下面介绍光笔条形码扫描器、手持式枪形条形码扫描器、台式条形码扫描器、激光式条形码扫描器。

1）光笔条形码扫描器

光笔条形码扫描器是一种轻便的条形码读入装置。在光笔内部有扫描光束发生器和反射光接收器。目前，市场上出售的这类扫描器有很多种，它们主要在光的波长、光子系统结构、电子电路结构、分辨率、操作方式等方面存在不同。光笔条形码扫描器有一个特点，即在识读条形码信息时，要求扫描器与待识读的条形码接触或有一个极小的间距(一般为 0.2～1 mm)。光笔条形码扫描器由于在扫描识读过程中，通常会与被扫描识读的条形码接触，因此，会对条形码产生一定的破坏，其目前已逐渐被电子耦合器件所取代。

2）手持式枪形条形码扫描器

手持式枪形条形码扫描器内一般都装有对扫描光束进行控制的自动扫描装置。在使用过程中不需要与条形码标签接触，因此，对条形码标签没有损害。扫描头与条形码标签的距离为 0～20 mm，甚至可以达到 500 mm 左右。手持式枪形条形码扫描器具有扫描光点匀速扫描的优点，因此其识读效果比光笔条形码扫描器的要好，而且扫描速度也快。

3）台式条形码扫描器

台式条形码扫描器适用于不便采用手持式扫描器进行条形码识读的场合。例如某些工作环境下操作者用一只手处理附有条形码标签的物体，而用另一只手操纵手持式扫描器进行操作，这时就可以选用台式条形码扫描器。这种扫描器可以被安装在生产流水线传送带旁的某一固定位置，当附有条形码标签的待测物体以平稳、缓慢的速度进入扫描范围时，可对其进行识读，从而对自动化生产线进行控制。

4）激光式条形码扫描器

激光式条形码扫描器的优点是扫描光强度高，可进行远距离扫描，而且扫描速度快。对某些产品的扫描速度可达到每秒 1200 次，这种扫描器可以在百分之一秒的时间内对某一条形码标签进行多次扫描，而且可以做到每一次扫描不重复上次扫描的轨迹。这种扫描器内部的光学系统可以将单束光转换成十字光或米字光，从而保证了被测条形码从各个不同角度进入扫描范围时都可以被识读。

2. 二维条码阅读设备

二维条码阅读设备依阅读原理的不同可分为以下几种。

1）线性 CCD 和线性图像式阅读器

线性 CCD 和线性图像式阅读器只能阅读堆叠式二维条码(如 PDF417 码)，在阅读时需要沿二维条码的垂直方向扫过整个条码。

2）带光栅的激光阅读器

带光栅的激光阅读器用于阅读线性堆叠式二维条码。阅读时将光线对准条码，由光栅元件完成垂直扫描，不需要手工扫动。

3）图像式阅读器

图像式阅读器采用面阵 CCD 摄像方式将二维条码图像摄取后进行分析和解码，可阅读所有类型的二维条码。二维条码阅读设备阅读二维条码时会有一些限制，但是均能阅读一维条码。

五、条码识别技术的应用

(一) 一维条码在包装系统中的应用

一维条码作为一种及时、准确、可靠、经济的数据输入手段，目前已广泛应用于包装领域。

下面简单介绍其在包装工程中的应用。

在包装系统中，对物品包装上的条码进行扫描，就可自动记录下物品的流动情况，随时掌握库存物品情况。条码识别技术与信息处理技术的结合，可以帮助管理人员合理、有效地对作业进行优化，并保证正确的进货、验收、盘点和出货，为客户提供优质、快捷的服务。包装系统在引入条码识别技术后，可以对商品的到货检验、入库、出库、调拨、移库移位、库存盘点等各个作业环节的数据进行自动化数据采集，保证包装系统在管理各个作业环节的数据的输入效率和准确性，确保企业及时、准确地掌握包装件的真实数据，从而合理保持和控制包装线的流量。

（二）二维条码在包装系统中的应用

二维条码依靠其庞大的信息携带量，能够把过去使用一维条码时存储于后台数据库中的信息包含在条码中，可以直接通过阅读条码得到相应的信息，并且二维条码还有错误修正及防伪功能，提高了数据的安全性。现已在包装领域的各个环节中得到了充分的运用。

因为二维条码独特的功能和特点，未来势必会有更多的产品包装嵌入企业二维条码或"一物一码"，它作为信息的载体也理当得到更多关注。未来产品包装可能会因二维条码而成为企业互联网或自媒体的入口，消费者可以通过扫码直接将产品体验感受或意见反馈给终端，从而逐渐形成每个产品专属的大数据分析平台，为品牌用户提供更多增值服务。

除了功能性，就二维条码的观赏性来说，它还有很长的路要走，既然它将更多地被应用于包装，那么提高它的设计感将是一件势在必行的事，通过色彩表现、局部遮挡、元素嫁接、整体造型、场景再造等方式，设计出更多与产品风格契合的个性二维条码，让包装技术更加融入生活。

第三节　射频识别与信息采集技术

一、射频识别技术概述

（一）射频识别技术的概念

1. 射频

射频的英文全称是 radio frequency，简写为 RF，表示可以辐射到空间的电磁频率，频率范围为 100 kHz～30 GHz。当电磁波频率低于 100 kHz 时，电磁波会被地表吸收，不能形成有效的传输，但当电磁波频率高于 100 kHz 时，电磁波可以在空气中传播，并经大气层外缘的电离层反射，实现远距离传输，我们把具有远距离传输能力的高频电磁波称为射频。

2. 射频识别

射频识别（radio frequency identification，RFID）是一项利用射频信号通过空间耦合（交变磁场或电磁场）实现无接触信息传递并达到识别目的的技术。它是 20 世纪 90 年代兴起的一种自动识别技术，具有非接触、速度快、多目标识别等显著优点，被公认为 21 世纪十大重要技术之一。

（二）RFID 技术的产生与发展

RFID 的应用最早可追溯到第二次世界大战，应用于区分敌方飞机和己方飞机的敌我识别系统。己方飞机上装载主动式射频系统，当雷达发出询问的信号，这些标签就会发出适当的响应信息，借以识别出自己是友军或敌军。此系统称为 IFF(identification friend or foe)，目前世界上的飞行管制系统仍是在此基础上建立的。

1948 年，出现了研究 RFID 技术的一篇具有里程碑意义的论文 *Communication by Means of Reflected Power*，该论文奠定了 RFID 技术的理论基础；集成电路、微处理器芯片、通信网络等技术的发展拉开了研究 RFID 技术的序幕；出现了一系列 RFID 技术相关论文及专利文献。

20 世纪 60 年代，出现了商用 RFID 系统——电子商品监视(EAS)设备。EAS 设备被认为是 RFID 技术最早的应用，其广泛应用于商业领域。

20 世纪 70 年代，RFID 技术成为人们研究的热门课题，出现了一系列研究成果，并且将 RFID 技术成功应用于自动汽车识别(AVI)的电子收费系统、动物跟踪以及工厂自动化等。

20 世纪 80 年代，RFID 技术得到充分利用。美国、法国、意大利、西班牙、挪威以及日本等国家都在不同应用领域、不同程度地安装和使用了 RFID 系统。

20 世纪 90 年代，RFID 技术得到繁荣发展，主要表现在美国大量配置了电子收费系统，汽车可以高速通过计费站。世界上第一个电子收费和交通管理系统于 1992 年在美国休斯敦安装并使用。同时，欧洲也广泛使用了 RFID 技术，如电子收费系统、道路控制和商业上的应用。

从 20 世纪末到 21 世纪初，RFID 标准化问题日益为人们所重视，RFID 产品种类更加丰富，有源电子标签、无源电子标签及半有源电子标签均得到发展，电子标签成本不断降低。沃尔玛等要求供货商强制使用 RFID 技术，促进了 RFID 技术的高速发展。

RFID 技术在我国很多领域得到应用，但与我国的经济规模相比还不相适应，其应用范围远未达到发达国家水平，有很大的发展空间。2006 年 6 月，我国发布了《中国射频识别(RFID)技术政策白皮书》，标志着 RFID 技术的发展已经提高到国家产业发展战略层面。“感知中国”“智慧城市”“智能家庭”等项目正推动着 RFID 技术在我国的快速发展。

二、RFID 系统构成

典型的 RFID 系统主要由电子标签、阅读器、中间件和应用系统软件组成。RFID 系统组成示意图如图 3-20 所示。

(一) 电子标签

电子标签是 RFID 系统的核心部分。标签中存有约定格式的电子数据，在实际应用中，无线标签附着在待识别物体的表面。对于存储在芯片中的数据，阅读器以无线电波的形式进行非接触读取，并通过阅读器的处理器，进行信息解读以及相关的管理。

1. 电子标签的组成

电子标签由标签天线和标签芯片两部分组成。标签天线的功能是收集阅读器发射到空间的电磁波，以及将芯片本身发射的能量以电磁波的方式发射出去；标签芯片的功能是对标签接收的信号进行解调、解码等各种处理，并把电子标签需要返回的信号进行编码、调制等各种处理。

1) 标签天线

标签天线是电子标签与阅读器进行能量和数据交换的工具，用来接收阅读器送来的信号，

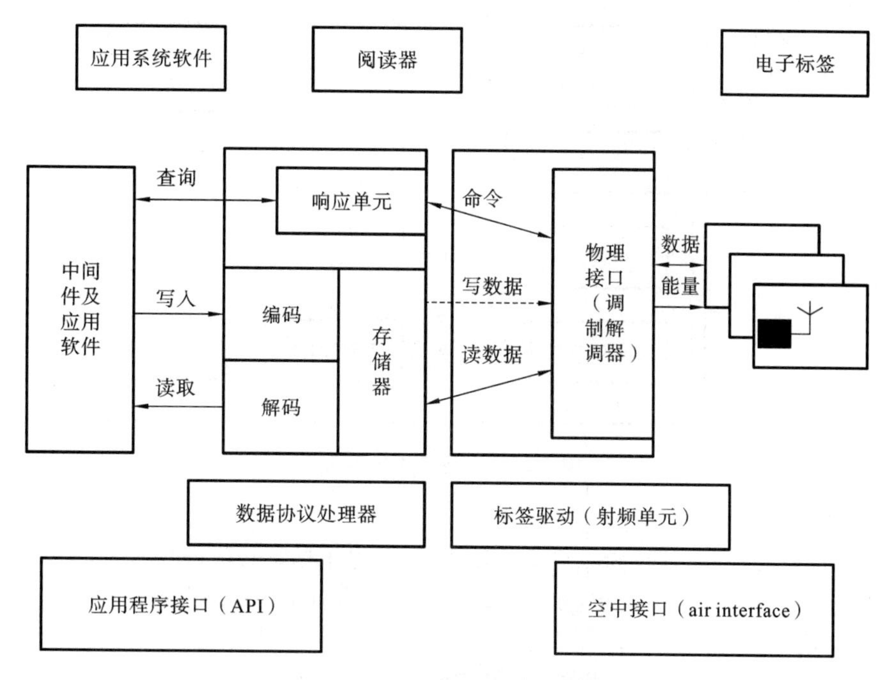

图 3-20　RFID 系统组成示意图

并把要求的数据传回阅读器。电子标签中标签式样和大小主要取决于天线面积。标签天线主要有线圈型、微带贴片型、偶极子型三种基本形式。其中，线圈型标签天线工作距离一般小于 1 m，工艺简单，成本低，主要应用于中低频段的电子标签。微带贴片型标签天线由贴在带金属底板的介质基片上的辐射贴片构成，具有重量轻、体积小、剖面薄等特点，主要应用于高频及微波电子标签。偶极子型标签天线可以分为 4 种类型，即半波偶极子标签天线、双线折叠偶极子标签天线、三线折叠偶极子标签天线和双偶极子标签天线，一般由两段同样粗细和等长的直导线（排成一条直线）构成，主要应用于高频及微波电子标签。

对于标签天线来说，其设计及性能要求主要有以下几个方面：

(1) 足够小，以至于能够贴到所需要的物品上；

(2) 有全向或半球覆盖的方向性；

(3) 有提供最大可能的信号给标签的芯片；

(4) 无论物品的朝向如何，标签天线的极化都能与读卡机的询问信号匹配；

(5) 作为损耗件的一部分，标签天线的价格必须非常便宜。

2）标签芯片

标签芯片是电子标签的核心部分，其作用包括标签信息存储、标签接收信号的处理和标签发射信号的处理。标签芯片主要由电压调节器、调制器、解调器、逻辑控制单元和存储单元（ERPROM、ROM）等模块组成，如图 3-21 所示。

标签芯片各模块的功能如下。电压调节器：把由阅读器送来的射频信号转换为直流电源，并经大电容存储能量，再通过稳压电路来提供稳定的电源。调制器：逻辑控制电路输出的数据经调制电路调制后加载到天线返给阅读器。解调器：去除载波，取出调制信号。逻辑控制单元：译码阅读器送来的信号，并依据要求返回数据给阅读器。存储单元：包括 ERPROM 和 ROM，作为系统运行及存放识别数据。

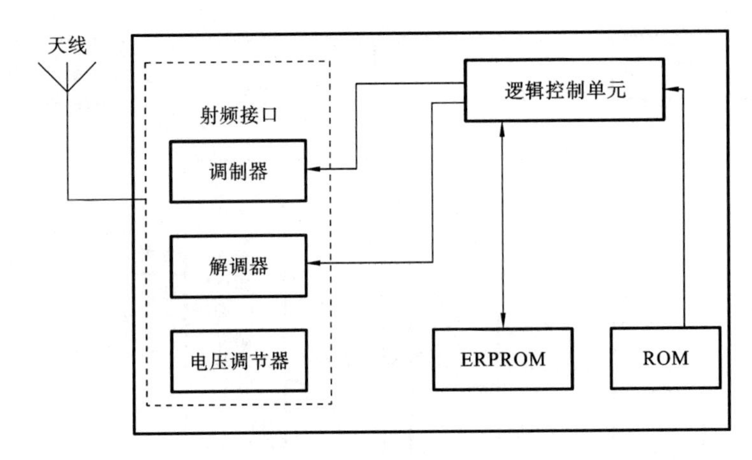

图 3-21　标签芯片的组成

2. 电子标签的封装

为了保护标签芯片和天线，同时也便于使用，射频电子标签必须进行封装，从硬件角度看，封装在标签成本中占了 2/3 的比重，在 RFID 产业链中占有重要的地位。

1）封装材质

封装材质一般为纸标签、塑料标签、玻璃标签等。

(1) 纸标签：一般都具有自粘功能，用来粘贴在待识别物品上。这种标签比较便宜，一般由面层、芯片线路层、胶层、底层组成。

(2) 塑料标签：采用特定的工艺将标签芯片和天线用特定的塑料基材封装成不同的标签形式，如钥匙牌、手表形标签、狗牌、信用卡等形式。

(3) 玻璃标签：用于动物识别与跟踪，将标签芯片、天线采用一种特殊的固定物质植入一定大小的玻璃容器中，封装成玻璃标签。

2）封装形状

封装形状常见的有信用卡标签、圆形标签、钥匙和钥匙扣标签、手表标签、物流线性标签等。

3. 电子标签的功能及技术参数

1）功能

电子标签一般具备以下功能：

(1) 用具有一定容量的存储器存储被识别对象的信息；

(2) 支持标签数据的读出和写入；

(3) 能够维持对识别对象的识别及相关信息的完整；

(4) 进行编程写入后，永久性数据不能再修改；

(5) 具有确定的使用期限，使用期限内无须维修；

(6) 对于有源标签，通过读写器能够知道电池的工作状况。

2）技术参数

根据射频标签的技术特征，针对标签的技术参数有：能量需求、传输速率、读写速度、工作频率、内存、封装形式等。

(1) 标签的能量需求　激活标签芯片所需要的能量范围。对于在一定距离内的标签，激活能量太低就无法激活。

（2）标签的传输速率　标签向读写器反馈所携带的数据传输速率以及接收来自读写器的写入数据命令的速率。

（3）标签的读写速度　由标签被识别和写入的时间决定，一般为毫秒级，超高频（UHF）标签的读写速度可以达 100 m/s。

（4）标签的工作频率　标签工作时采用的频率，有低频、中频、高频、超高频、微波等。

（5）标签的内存　标签携带的可供写入数据的内存，一般可以达到 1 kB 的数据量。

（6）标签的封装形式　主要取决于标签天线的形状，不同的标签天线可以封装成不同的标签形式，具有不同的识别性能。

4. 标签的发展趋势

在电子标签方面，标签芯片所需的功耗更低，无源标签、半无源标签技术更趋成熟。总体来说，电子标签具有以下发展趋势。

（1）作用距离更远。

（2）无源可读写性能更加完善。

（3）适用于高速移动物识别。

（4）具有快速多标签读/写功能。

（5）一致性更高。由于目前电子标签加工工艺的限制，电子标签的成品率和一致性并不令人满意，随着加工工艺的改进，电子标签的一致性将更高。

（6）强磁场下的自我保护功能更加完善。

（7）更智能、加密特性更完善。在某些对安全性要求较高的应用领域中，需要对电子标签的数据进行严格的加密，并对通信过程进行加密。这就需要更智能、加密特性更完善的电子标签，使电子标签在“敌人”出现的时候能够更好地隐藏自己而不被发现，并且数据不会因未经授权而被获取。

（8）具有其他附属功能，如传感器功能。在某些应用领域中，需要准确寻找某一个电子标签，标签上会具有某种附属功能，如蜂鸣器或指示灯，当给特定的电子标签发送指令时，电子标签便会发出声光指示，这样就可以在大量的目标中找到特定的电子标签了。

（9）具有杀死功能。为了保护隐私，在标签的设计寿命到期或者需要中止标签使用时，读写器发送杀死命令或者标签自行销毁。

（10）采用新的生产工艺，体积更小，成本更低。为了降低标签天线的生产成本，人们开始研制新的天线印制技术，其中，导电墨水是一个新的发展方向。利用导电墨水，可以将标签天线以接近于零的成本印制到产品包装上。通过导电墨水在产品的包装盒上印制标签天线，比传统金属标签天线的成本低、印制速度快、节省空间，并有利于环保。由于实际应用的限制，一般要求电子标签的体积比被标记的商品小。这样，体积非常小的商品以及其他一些特殊的应用场合，就对电子标签的体积提出了更小、更易于使用的要求。

（二）阅读器

1. 阅读器的作用

阅读器的基本任务是触发作为数据载体的电子标签，与电子标签建立通信联系并且在应用软件和一个非接触的数据载体之间传输数据。其主要具有如下功能：

（1）阅读器与电子标签之间的通信功能；

(2) 阅读器与计算机之间的通信功能；

(3) 对阅读器与电子标签之间要传送的数据进行编码、解码；

(4) 对阅读器与电子标签之间要传送的数据进行加密、解密；

(5) 能够在读写范围内实现多标签同时识读，具备防碰撞功能。

在系统结构中，应用系统软件作为主动方向阅读器发出读写指令，而阅读器则作为从动方对应用系统软件的读写指令做出回应。阅读器接收到应用系统软件的动作指令后，回应的结果是对电子标签做出相应的动作，建立某种通信联系。电子标签响应阅读器的指令，相对电子标签来说，阅读器变成指令的主动方，如图 3-22 所示。

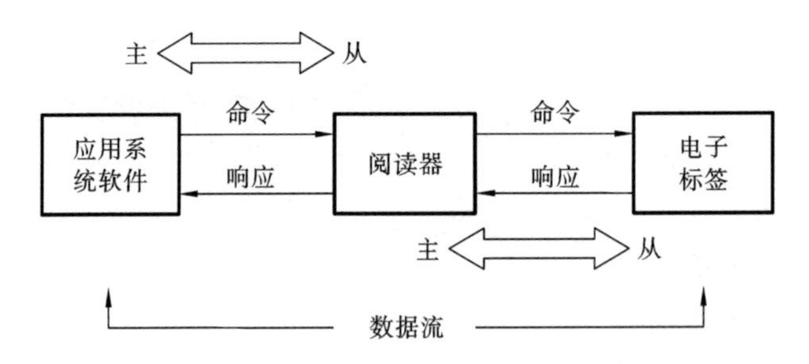

图 3-22 阅读器的作用

在 RFID 系统的工作程序中，应用系统软件向阅读器发出读取指令，作为响应，阅读器和电子标签之间就会建立起特定的通信联系。阅读器触发电子标签，并对触发的电子标签进行身份验证，然后电子标签开始传输要求的数据。因此，阅读器的基本任务就是触发作为数据载体的电子标签，与这个电子标签建立通信联系并且在应用系统软件和一个非接触的数据载体之间传输数据。这种非接触通信的一系列任务包括通信的建立、防止碰撞和身份验证等，均由阅读器进行处理。

2. 阅读器的结构

虽然各种射频识别系统在耦合方式、通信方式、数据传输方法以及系统工作频率的选择上都存在着很大的区别，但是，阅读器的组成都大致相同，主要由天线、射频接口模块和逻辑控制单元组成，如图 3-23 所示。

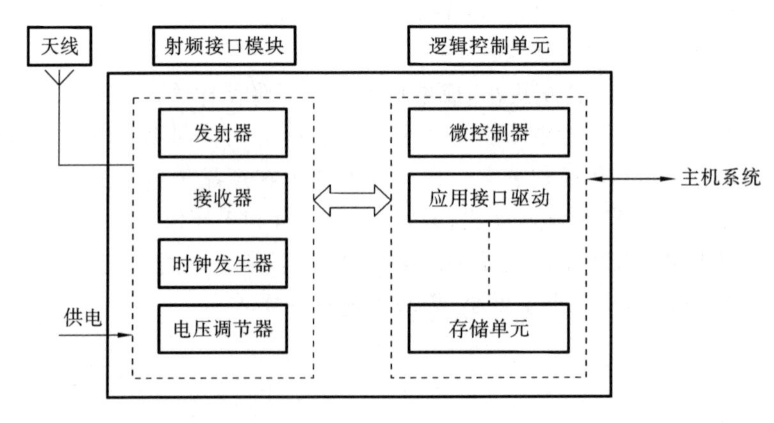

图 3-23 阅读器的组成

1) 天线

天线是一种能将接收到的电磁波转换为电流信号，或者将电流信号转换成电磁波并发射出去的装置。在 RFID 系统中,阅读器必须通过天线来发射能量,形成电磁场,通过电磁场对电子标签进行识别。阅读器天线所形成的电磁场范围为阅读器的可读区域。

2）射频接口模块

射频接口模块主要任务和功能有:

(1) 产生高频发射能量,激活电子标签并为其提供能量;

(2) 对发射信号进行调制,将数据传输给电子标签;

(3) 接收并调制来自电子标签的射频信号。

3）逻辑控制单元

逻辑控制单元也称读写模块,主要任务和功能有:

(1) 与应用系统软件进行通信,并执行从应用系统软件发送来的指令;

(2) 控制阅读器与电子标签的通信过程;

(3) 对信号的编码进行解码;

(4) 对阅读器和标签之间传输的数据进行加密和解密;

(5) 防碰撞算法;

(6) 对阅读器和电子标签的身份进行验证。

3. 阅读器的分类和发展趋势

1）阅读器的分类

根据阅读器天线和阅读器模块是否分离,阅读器可分为分离式阅读器和集成式阅读器。典型的分离式阅读器有固定式读头,典型的集成式阅读器有手持机。根据阅读器的工作场合,阅读器可分为固定式读头、订单录入模块、工业读头及手持机和发卡机。

RFID 系统以不同的频率工作,根据其工作频率的不同,阅读器可以分为低频阅读器、高频阅读器和超高频阅读器。低频阅读器和高频阅读器的发射功率较小、频率较低,因此它们的设计比较简单,体积也比较小;超高频阅读器的发射功率较大、频率较高,工作距离也比低频阅读器和高频阅读器的远,因此超高频阅读器的结构较为复杂,体积也相对较大。

2）阅读器的发展趋势

随着 RFID 技术的发展,RFID 系统的结构在不断改善,性能也在不断提高。越来越多的应用,对 RFID 系统的阅读器提出了更高的要求。未来 RFID 阅读器将会有以下特点。

(1) 多功能。为了适应市场对 RFID 系统多样性和多功能的要求,阅读器将集成更多更方便实用的功能。另外,为了适应某些应用方便的要求,阅读器将更智能并具有一定的数据处理能力,可以按照一定的规则将应用系统处理程序下载到阅读器中。这样,阅读器就可以脱离计算机,在脱机工作时仍具有门禁、报警等功能。

(2) 小型化、便携式、嵌入式、模块化。随着 RFID 技术应用的不断增多,人们对阅读器是否方便使用提出了更高的要求,这就要求不断采用新的技术来减小阅读器的体积,使阅读器方便携带,方便使用,易于与其他系统连接,从而使得接口模块化。

(3) 智能多天线端口、多种数据接口。为了进一步满足市场需求和降低系统成本,阅读器将会具有智能的多天线接口。这样,同一个阅读器将按照一定的处理顺序,智能地打开和关闭不同的天线,使系统能够感知不同天线覆盖区域内的电子标签,增大系统的覆盖范围。在某些特殊应用领域中,未来也可能采用智能天线相位控制技术,使 RFID 系统具有空间感应能力。RFID 技术应用的不断扩展和应用领域的增加,需要系统能够提供多种不同形式的接口,如 RS-232、RS-422、RS-485、通用串行总线(USB)接口、红外接口、以太网接口、韦根接口、无线网络接口以及其他各种自定义接口。

(4) 多制式、多频段兼容。由于目前全球没有统一的 RFID 技术标准,因此各个厂家的系统互不兼容,但只要这些标签协议是公开的,或者是经过许可的,某些厂家的阅读器就会兼容不同制式的电子标签,以提高产品的适应能力和市场竞争力。同时,不同国家和地区的射频识别产品具有不同的频率,阅读器将朝着兼容多个频段、输出功率数字可控等方向发展。

(5) 更多新技术的应用。RFID 系统的广泛应用和发展,必然会带来新技术的不断应用,使系统功能进一步完善。例如,针对目前频谱资源紧张的情况,将会采用智能信道分配技术、扩频技术、码分多址技术等。

(三) 中间件

中间件是介于应用系统和系统软件之间的一类软件,它使用系统软件提供的基础服务(功能),衔接网络上应用系统的各个部分或不同的应用,以达到资源共享、功能共享的目的。中间件是一种独立的系统软件或服务程序,分布式应用软件借助这种软件在不同的技术之间共享资源。中间件位于客户机服务器的操作系统之上,管理计算资源和网络通信。

RFID 中间件是一种面向消息的中间件,其功能不仅包括传递信息,还包括解译数据、安全性、数据广播、错误恢复、定位网络资源、消息与要求的优先次序以及延伸的除错工具等服务。RFID 中间件屏蔽了 RFID 设备的多样性和复杂性,能够为后台业务系统提供强大的支撑,从而驱动更广泛、更丰富的 RFID 应用。RFID 中间件技术的重点研究内容包括并发访问技术、目录服务及定位技术、数据及设备监控技术、远程数据访问安全和集成技术、进程及会话管理技术等。

RFID 中间件的功能主要有阅读器协调控制、数据过滤与处理、数据路由与集成、进程管理,如图 3-24 所示。

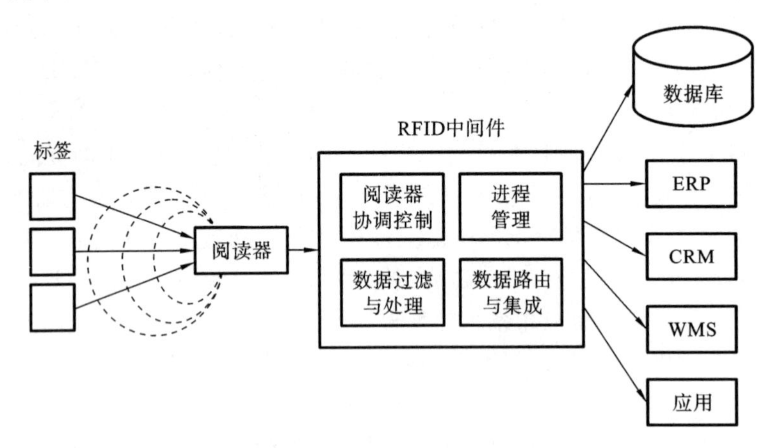

图 3-24 RFID 中间件的功能

1. 阅读器协调控制

终端用户可以通过 RFID 中间件接口直接配置、监控以及发送指令给阅读器。一些 RFID 中间件开发商还提供了支持阅读器即插即用的功能,使终端用户新添加不同类型的阅读器时不需要增加额外的程序代码。

2. 数据过滤与处理

当标签信息传输发生错误或有冗余数据产生时,RFID 中间件可以通过一定的算法纠正错误并过滤掉冗余数据。RFID中间件可以避免不同的阅读器读取同一电子标签的碰撞，确保了阅读准确性。RFID中间件能够决定将采集到的数据传递给哪一个应用。

3. 数据路由与集成

RFID中间件可以与企业现有的企业资源计划(ERP)、客户关系管理(CRM)、仓储管理系统(WMS)等软件集成在一起，为它们提供数据路由和集成，同时中间件可以保存数据，分批给各个应用提交数据。

4. 进程管理

RFID中间件根据客户定制的任务负责数据的监控与事件的触发。例如，在仓储管理中，设置中间件来监控货品库存的数量，当库存低于设置的标准时，RFID中间件会触发事件，通知相应的应用软件。

(四) 应用系统软件

应用系统软件是针对不同行业的特定需求开发的应用软件，它可以有效地控制阅读器对电子标签信息进行读写，并且对收集到的目标信息进行集中统计与处理。应用系统软件可以集成到现有的电子商务和或其他管理信息系统中，与ERP、供应链管理(SCM)等系统结合以提高各行业的生产效率。

三、RFID系统的工作原理与分类

(一) RFID系统的工作原理

RFID系统的工作原理是：阅读器通过发射天线发送特定频率的射频信号，电子标签进入有效工作区域时产生感应电流，从而获得能量、被激活，使得电子标签将自身的编码信息通过内置射频天线发送出去；阅读器的接收天线接收从标签发来的调制信号，经天线调节器传送到阅读器信号处理模块，经解调和解码后将有效信息送至后台主机系统进行相关的处理；主机系统根据逻辑运算识别该标签的身份，针对不同的设定做出相应的处理和控制，最终发出指令信号以控制阅读器完成相应的读写操作。

电子标签与阅读器之间通过耦合元件实现射频信号的空间耦合，在耦合通道内，它根据时序关系实现能量的传递和数据的交换。以两者之间的通信及能量感应方式来看，系统一般可以分为两类：电感耦合系统和电磁反向散射耦合系统。

电感耦合通过空间高频交变磁场实现，依据的是电磁感应定律，适用于中、低频工作的近距离RFID系统，典型工作频率有125 kHz、225 kHz、13.56 MHz。识别作用距离一般小于1 m，典型作用距离为0～20 cm。

电磁反向散射耦合基于雷达模型，发射出去的电磁波碰到目标后反射，同时携带目标信息，依据的是电磁波的空间传播规律，一般适用于高频、微波工作的远距离RFID系统，典型的工作频率有433 MHz、915 MHz、2.45 GHz和5.8 GHz。识别作用距离大于1 m，典型作用距离为4～6 m。电感耦合系统和电磁反向散射耦合系统如图3-25所示。

RFID系统在工作过程中，始终以能量作为基础，通过一定的时序方式来实现数据交换。因此，在RFID系统工作的信道中存在以下三种事件模型。

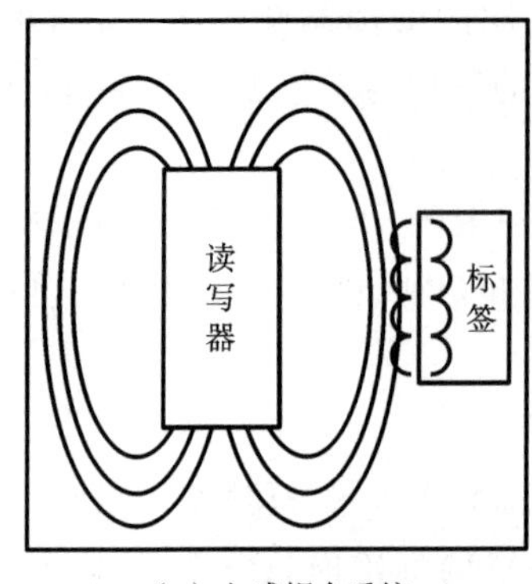

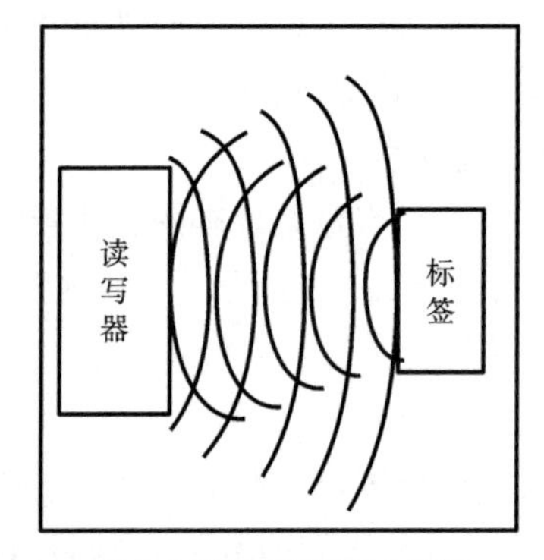

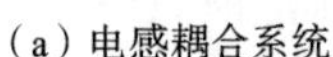
(a) 电感耦合系统 (b) 电磁反向散射耦合系统

图 3-25 电感耦合系统与电磁反向散射耦合系统

1. 以能量提供为基础的事件模型

读写器向电子标签提供工作能量。对于无源标签来说,当电子标签离开读写器的工作范围以后,电子标签因没有能量激活而处于休眠状态。当电子标签进入读写器的工作范围时,读写器发出的能量激活了电子标签,电子标签通过整流的方法将接收到的能量转换为电能储存在电子标签内的电容器中,从而为电子标签提供工作能量。对于有源标签来说,有源标签始终处于激活状态,和读写器发出的电磁波相互作用,具有较远的识别距离。

2. 以时序方式实现数据交换的事件模型

时序指的是读写器和电子标签的工作次序。通常有两种时序:一种是 RTF(reader talks first,读写器先发言);另一种是 TTF(tag talks first,电子标签先发言),这是读写器的防冲突协议方式。

在一般状态下,电子标签处于"等待"或"休眠"工作状态,电子标签在进入读写器的工作范围后,检测到具有一定特征的射频信号,便从"休眠"状态转到"接收"状态,接收读写器发出的命令,进行相应的处理,并将结果返回读写器。只有接收到读写器特殊命令才发送数据的电子标签被称为 RTF 方式;相反,进入读写器的能量场就主动发送自身序号的电子标签被称为 TTF 方式。与 RTF 相比,TTF 方式的射频标签具有识别速度快等特点,适用于需要高速应用的场合;另外,它在噪声环境中更稳定,在处理标签数量动态变化的场合也更为实用,因此,更适于工业环境的跟踪和追踪应用。

3. 以数据交换为目的的事件模型

读写器和电子标签之间的数据通信包括读写器向电子标签的数据通信和电子标签向读写器的数据通信。

在读写器向电子标签的数据通信中,工作方式通常包括离线数据写入和在线数据写入两种。

在电子标签向读写器的数据通信中,工作方式包括以下两种:一是电子标签被激活以后,向读写器发送电子标签内存储的数据;二是电子标签被激活以后,根据读写器的指令,进入数据发送状态或休眠状态。

电子标签和读写器之间的数据通信是为应用服务的,读写器和应用系统之间通常有多种接口,接口具有以下功能:应用系统根据需要,向读写器发出读写器配置命令;读写器向应用系统返回所有可能的读写器的当前配置状态;应用系统向读写器发送各种命令;读写器向应用系统返回所有可能命令的执行结果。

（二）RFID系统的分类

RFID系统分类如表3-2所示。

表3-2　RFID系统分类

系统特征	系统分类		
工作频率	低频系统	中高频系统	超高频与微波
能量供应方式	无源系统	半有源系统	有源系统
工作方式	主动式	被动式	半主动式
信息注入方式	集成电路固化式	现场有线改写式	现场无线改写式
数据传输	电感耦合系统	电磁散射耦合系统	
标签的可读性	只读系统	可读写系统	
数据量	1比特(bit)系统	多比特系统	

1. 标签按工作频率分类

标签按工作频率的不同可分为低频标签、高频标签、超高频与微波标签。低频标签的工作频率在500 kHz以下，典型的工作频率有125 kHz、225 kHz等，这种标签的成本较低，标签内保存的数据较少，阅读距离较短，常见的有行李识别标签、动物识别标签等。高频标签的工作频率为500 kHz～1 GHz。常见的有门禁控制标签、电子门票等。超高频与微波标签的工作频率在1 GHz以上，如高速公路不停车收费标签、集装箱自动识别标签等。

2. 标签按能量供应方式分类

标签按能量供应方式的不同可分为有源标签和无源标签。有源标签是指标签内含有电池，这种标签的作用距离较远，但使用寿命有限、体积较大、成本高，且不适合在恶劣环境下工作。无源标签内没有电池，它利用波束供电技术将接收到的射频能量转化为直流电，为标签内的电路供电，其作用距离相对有源标签的要短，但其使用寿命长且对工作环境要求不高。

3. 标签按工作方式分类

标签按工作方式的不同可分为被动式标签、半主动式标签和主动式标签。被动式标签使用调制散射方式发射数据，它必须利用读写器的载波来调制自己的信号，其适合用在门禁或交通应用中，因为读写器可以确保只激活一定区域内的标签。在有障碍物的情况下，用调制散射方式，读写器的能量必须来去穿过障碍物两次，衰减比较大。主动式标签内含有电源，它通过自身的射频能量主动地发送数据给读写器。在有障碍物的情况下，主动式标签发射的信号仅穿过障碍物一次，能量衰减较小，因此主动式标签主要用在有障碍物的应用中，其工作距离可达30 m。

4. 标签按作用距离分类

标签按作用距离的不同，大致分成三种类型：密耦合标签、遥耦合标签和远距离标签。密耦合标签的作用距离很小，其典型的工作距离是0～1 cm，工作时必须把标签插入阅读器中，或者放置在阅读器为此设定的表面上。遥耦合标签的工作距离是1 cm～1 m。所有的遥耦合系统工作时都要通过电磁(感)耦合进行通信。目前，90%～95%的商用RFID系统都属于遥耦合系统。远距离标签典型的工作距离是1～10 m，个别的系统可达更远的作用距离，所有的远距离系统都是在微波范围内用电磁波工作的，其发送频率通常为 2.45 GHz，也有些系统使用的频率为 915 MHz 和 5.8 GHz。

四、RFID 系统技术标准

（一）标准的作用和内容

1. 标准的作用

标准是指对产品、过程或服务中的现实和潜在问题做出规定，提供可共同遵守的工作语言，以利于技术合作和防止贸易壁垒；标准能够确保协同工作的进行、规模经济的实现、工作实施的安全性以及其他许多方面工作的高效开展。RFID 标准化的主要目的在于通过制定、发布和实施标准，解决编码、通信、空中接口和数据共享等问题，最大限度地促进 RFID 技术与相关系统的应用。

标准的发布和实施，应处于恰当的时机。标准采用过早，有可能会制约技术的发展；采用过晚，则可能会限制技术的应用范围。

RFID 标准主要有以下作用。

（1）规范接口和转送技术。比如中间件技术，RFID 中间件扮演着 RFID 标签和应用程序之间的中介角色，从应用程序端使用中间件所提供的一组通用的应用程序接口，就可以连接到 RFID 读写器，读取电子标签数据。RFID 中间件采用程序逻辑及存储转发的功能来提供顺序的消息流，具有数据流设计与管理的能力。

（2）确定能够支持多种编码格式，达到一致性。例如，支持 EPC 等规定的编码格式，包括 EPCglobal 所规定的标签数据格式标准。

（3）规范数据结构和内容，即数据编码格式及其内存分配。

（4）与传感器融合。目前，RFID 技术与传感器逐步融合，物品定位采用 RFID 三角定位法及更多复杂的技术，还有一些 RFID 技术采用传感器代替芯片。

由于 RFID 系统主要由数据采集和后台数据库网络应用系统两大部分组成，因此目前无论是已经发布的标准还是正在制定中的标准都主要与数据采集相关，包括电子标签与读写器之间的空中接口、读写器与计算机之间的数据交换协议、RFID 电子标签与读写器的性能、一致性测试规范以及 RFID 电子标签的数据内容编码标准等。为构建全球范围的商品流通管理系统，需要对各种规范和技术要求进行研究，开展标准化工作。

2. 标准的内容

RFID 标准的主要内容包括以下几个方面。

（1）技术。技术包含的层面很多，主要是接口和通信技术，如空中接口技术和通信协议等。

（2）一致性。一致性主要指数据结构、编码格式和内存分配等相关内容。

（3）电池辅助及与传感器的融合。目前，RFID 技术也融合了传感器，能够进行温度和应变检测的应答器在物品追踪中应用广泛。几乎所有带传感器的应答器和有源应答器都需要从电池中获取能量。

（4）应用。RFID 技术有很多具体应用，如电子收费系统、身份识别、动物识别、物流、追踪和门禁等。不同的应用涉及不同的行业，因而标准还需要涉及有关行业的规范。

目前，RFID还未形成统一的全球化标准，市场为多种标准并存的局面，但随着全球物流行业RFID大规模应用的开始，RFID标准的统一已经得到业界的广泛认同。后台数据库网络应用系统目前并没有形成正式的国际标准，只有少数产业联盟制定了一些规范，现阶段还在不断演变中。

国际标准化组织(ISO)和国际电工委员会(IEC)制定了多种重要的RFID国际标准。国家标准是各国根据自身国情制定的有关标准，我国有关RFID的国家标准正在制定中。行业标准的典型一例是由国际物品编码组织和美国统一代码委员会制定的EPC标准，主要用于物品识别。

(二)射频识别标准化组织

由于RFID的应用涉及众多行业，因此其相关的标准盘根错节，非常复杂。而RFID标准争夺的核心主要在RFID标签的数据内容编码标准这一领域。目前，形成了五大标准组织，它们分别代表了国际上不同的团体或者国家的利益。EPCglobal在全球拥有上百家成员，得到了美国连锁零售巨头沃尔玛，以及强生、宝洁等跨国公司的支持。而AIM(automatic identification manufacturers)、ISO(international standards organization)、UID(ubiquitous ID)则代表了欧洲、美国和日本；IP-X的成员则以非洲、大洋洲和亚洲的国家为主。相比而言，EPCglobal由于综合了美国和欧洲厂商，实力绝对占上风。

1. ISO/IEC

ISO是世界上最大的、最有权威的非政府性国际标准化专门机构，其前身为国际标准化协会(ISA)，ISO标准的范围涉及除了电工与电子工程以外的所有领域；IEC(international electrotechnical commission)是世界上成立最早的国际性电工标准化机构，主要负责有关电气工程和电子工程领域中的国际标准化工作。

因为ISO是公认的全球非营利工业标准化组织，和EPCglobal相比，ISO/IEC有着天然的公信力，ISO/IEC在每个频段都发布了标准。ISO/IEC组织下面有多个分技术委员会从事RFID标准研究。大部分RFID标准都是由ISO/IEC的技术委员会(TC)或分技术委员会(SC)制定的。

2. EPCglobal

EPCglobal是由美国统一代码委员会和欧洲物品编码系统于2003年9月共同成立的非营利性组织，其前身是1999年10月1日在美国麻省理工学院成立的非营利性组织——Auto-ID中心。

Auto-ID中心以创建“物联网”为使命，与众多成员企业共同制定一个统一的开放技术标准。旗下有沃尔玛集团、英国Tesco等100多家零售流通企业，同时有IBM、微软、飞利浦、Auto-ID Lab等公司提供技术支持。此组织除发布标准外，还负责EPCglobal号码注册管理。

目前EPCglobal已在中国、加拿大、日本等国家建立了分支机构，专门负责EPC码段在这些国家的分配与管理、EPC相关技术标准的制定、EPC相关技术在本国的宣传普及以及推广应用等工作。

3. 泛在识别中心

泛在识别中心(ubiquitous ID center)实际上就是日本有关电子标签的标准化组织。泛在识别中心技术体系架构由泛在识别码(ucode)、信息系统服务器、泛在通信器和 ucode 解析服务器四部分构成,制定 RFID 相关标准的思路类似于 EPCglobal 的,目标也是构建一个完整的标准体系,即从编码体系、空中接口协议到泛在网络体系结构,但是每个部分的具体内容存在差异。

4. AIM 和 IP-X

AIM 和 IP-X 的实力相对较弱。AIDC(automatic identification and data collection)组织原先制定通行全球的条码标准,于 1999 年另外成立 AIM (automatic identification manufacturers)组织,推出了 RFID 标准。不过由于原先条码的运用程度远不及 RFID 的,即 AIDC 未来是否有足够能力影响 RFID 标准的制定,是一个未知数。AIM 在全球有 13 个国家和地区性的分支,且全球会员数已经累计达一千多个,而 IP-X 的成员则以非洲、大洋洲、亚洲等的国家和地区为主。

(三) RFID 标准体系结构

标准化的重要意义在于改进产品、过程和服务的适用性,防止贸易壁垒,促进技术合作。RFID 技术的标准化的主要目标在于通过制定、发布和实施标准,解决编码、通信、空中接口和数据共享等问题,最大限度地促进 RFID 技术及相关系统的应用。由于 RFID 技术主要应用于物流管理等行业,需要通过标签来实现数据共享,因此 RFID 技术的数据编码结构、数据的读取需要通过标准来规范,以保证标签能够在全世界范围内跨地区、跨行业、跨平台使用。

RFID 标准体系基本结构如图 3-26 所示,其主要包括 RFID 技术标准和 RFID 应用标准,还包括 RFID 数据内容标准和 RFID 性能标准。其中编码标准和通信协议(通信接口)是争夺比较激烈的部分,二者也构成了 RFID 标准的核心。

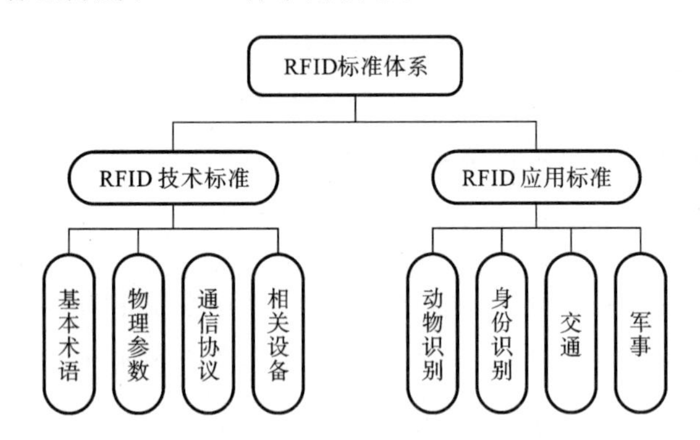

图 3-26 RFID 标准体系基本结构

1. RFID 技术标准

RFID 技术标准主要定义了不同频段的空中接口及相关参数,包括基本术语、物理参数、通信协议和相关设备等。例如,RFID 中间件是标签和应用程序之间的中介,从应用程序端使用中间件所提供的一组应用接口,就能连接到 RFID 读写器,读取标签数据。RFID 技术标准基本结构如图 3-27 所示。

2. RFID 应用标准

RFID 应用标准主要设计特定应用领域或环境中的 RFID 构建规则,包括 RFID 在物流配

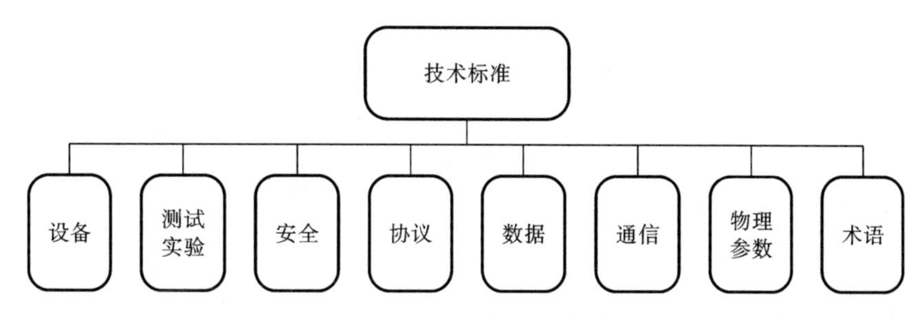

图 3-27 RFID 技术标准基本结构

送、仓储管理、交通运输、信息管理、动物识别、工业制造和休闲体育等领域的应用标准与规范。RFID 应用标准基本结构如图 3-28 所示。

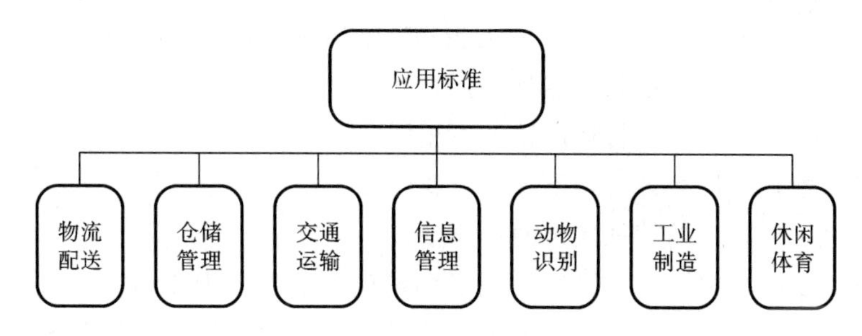

图 3-28 RFID 应用标准基本结构

3. RFID 数据内容标准

RFID 数据内容标准主要涉及数据协议、数据编码规则及语法，包括编码格式、语法标准、数据符号、数据对象、数据结构、数据安全等。RFID 数据内容标准能够支持多种编码格式，如支持 EPCglobal 和 DoD 等规定的编码格式，也包括 EPCglobal 所规定的标签数据格式标准。

4. RFID 性能标准

RFID 性能标准主要涉及设备性能及一致性测试方法，尤其是数据结构和数据内容（即数据编码格式及其内存分配），主要包括印制质量、设计工艺、测试规范和试验流程等。由于 Wi-Fi、全球微波接入互操作性（WIMAX）、蓝牙、ZigBee、专用短程通信（DSRC）协议以及其他短程无线通信协议正用于 RFID 系统或融入 RFID 设备中，这使得 RFID 标准所包含的范围正在不断扩大，实际应用变得更加复杂。

五、射频识别技术在包装系统中的应用

电子标签技术应用在包装的流通环节，可以实现对包装货物的跟踪与信息共享，彻底改变传统的包装供应链管理模式，提高企业运行效率。目前我国大部分企业还是依靠传统的商品条形码进行管理和识别的，与传统的条形码相比，电子标签具有读取信息速度快、抗污染能力和耐久性较强、可重复使用、数据的记忆容量大、可穿透性和无屏蔽读取信息安全性高等特点。近年来，一些大型企业认识到电子标签在包装供应链方面管理的优势，帮助企业大幅提高包装货物、信息管理的效率，还可以让销售企业和制造企业互联，从而更加准确地接收反馈信息，控制需求信息，优化整个包装供应链。

第四节　其他识别与信息采集技术

一、生物特征识别技术

（一）生物特征识别技术概述

生物特征识别技术以生物技术为基础，以信息技术为手段，将生物和信息这两大技术融合。生物特征识别技术主要利用人的生物特征，因为人的生物特征是唯一的（与他人不同），所以能够用来鉴别身份。用于生物特征识别的生物特征应具有以下特点。

（1）广泛性　每个人都应该具有这种特征。

（2）唯一性　每个人拥有的特征应该各不相同。

（3）稳定性　所选择的特征应该不随时间变化。

（4）可采集性　所选择的特征应该便于测量。

研究和经验表明，人的指纹、掌纹、面孔、声音、虹膜、视网膜、骨架等都具有唯一性和稳定性等特征。目前，符合上述要求的生物特征可分为生理特征和行为特征。其中，生理特征包括指纹、掌纹、虹膜、视网膜、面孔、耳廓、体味、脉搏等，行为特征有签名、声音、按键力度、步态等。

一个优秀的生物特征识别系统要求能实时、迅速、有效地完成识别过程。一般来说，生物特征识别系统包括以下几个处理过程。

1. 采集样本

在通过生物特征识别系统验证个人身份之前，首先要捕捉、选择好的生物特征样本。这个样本就成为生物特征识别系统的模板，以后验证时取得的新样本要以原始模板为参考进行比较。通常要取多个样本（典型的是3个），以得到有代表性的模板。取样的过程和结果对生物特征识别的成功与否至关重要。

2. 储存模板

取样之后，模板要采用加密手段储存起来。模板的储存手段可以有以下几种选择。

（1）存放在生物识别阅读设备里。

（2）存放在远程中央数据库里。这种方法适用于安全的网络环境且要有足够的运行速度。

（3）存放在便携物中，如智能卡。

3. 身份验证

身份验证过程如下：用户通过某种设备输入其生物特征，提出身份鉴定请求，输入的生物特征与模板比较后得出匹配或不匹配的结果。

目前比较成熟并得到广泛应用的生物特征识别有指纹识别、人脸识别、虹膜识别、视网膜识别、掌纹识别、签名识别、多模态识别、基因识别、步态识别等。基于不同生物特征的识别系统各有优缺点，分别适用于不同的场景。

（二）典型生物特征识别技术

1. 指纹识别技术

指纹识别技术主要根据人体指纹的纹路、细节特征等信息对操作者或被操作者进行身份鉴定，是目前生物检测学中研究最深入、应用最广泛、发展最成熟的技术。

指纹的固有特征主要有以下三个方面。

（1）确定性：每幅指纹的结构是恒定的。

（2）唯一性：两个完全一致的指纹出现的概率非常小。

（3）可分类性：可以按指纹的纹线走向进行分类。

指纹识别技术主要涉及指纹图像采集、指纹图像处理、特征提取、数据存储、特征值的比对与匹配等过程。首先，通过指纹读取设备读取到人体指纹的图像，并对原始指纹图像进行初步的处理，使之更清晰。然后，运用指纹识别算法建立指纹的数字表示——特征数据，这是一种单方向的转换，可以将指纹转换为特征数据，但不能将特征数据转换为指纹，而且两个不同的指纹不会产生相同的特征数据。特征文件的存储是指从指纹图像上找到被称为"细节点"(minutiae)的数据点(指纹纹路的分叉点或末梢点)。有些算法把细节点和方向信息组合，产生了更多的数据，这些方向信息表明了各个节点之间的关系，有些算法也处理整幅指纹图像。总之，这些数据通常被称为模板，保存为 1 kB 大小的记录。最后，通过计算机模糊比较的方法，对两个指纹的模板进行比较，计算出它们的相似程度，最终得到两个指纹的匹配结果。

相较于其他身份识别技术，指纹识别技术是一种更为理想的身份确认技术，它不仅具有信息安全方面的优点，更重要的是，它还具有很高的实用性和可行性。因为每个人的指纹独一无二，任何两个人之间不存在相同的指纹；每个人的指纹是相当固定的，很难发生变化，指纹不会随着人年龄的增长或身体健康状况的变化而变化；指纹样本便于获取，易于开发识别系统，实用性强。因此，指纹识别技术主要用于个人身份鉴定，可广泛用于考勤、门禁控制、个人计算机(PC)登录认证、私人数据安全、电子商务安全、网络数据安全、身份认证、机场安全检查、刑事侦破与罪犯缉捕等。

2. 人脸识别技术

人脸识别可以说是人们日常生活中最常用的身份确认手段。人脸识别技术通过与计算机相连的摄像头动态捕捉人的面部，同时把捕捉到的人脸特征与预先录入的人脸特征进行比较、识别。人们对这种技术一般没有任何的排斥心理。从理论上讲，人脸识别技术可以成为一种友好的生物特征识别技术。

人脸识别技术通过对面部特征和它们之间的关系来进行识别。用于捕捉面部图像的两项技术为标准视频技术和热成像技术。标准视频技术通过一个标准的摄像头摄取面部图像或者一系列图像，捕捉一些核心点(如眼睛、鼻子和嘴巴等)以及它们之间的相对位置，然后形成模板。热成像技术通过分析由面部的毛细血管的血液产生的热线来产生面部图像。与标准视频技术不同，热成像技术并不需要较好的光源条件，即使在黑暗条件下也可以使用。人脸识别技术的优点在于不需要被动配合，可以用在某些隐蔽的场合，而其他生物特征识别技术都需要个人的行为配合；可远距离采集人脸，利用已有的人脸数据库资源可更直观、更方便地核查个人的身份，因此可以降低成本。但人脸识别技术的缺点也是显而易见的：人脸的差异性并不是很明显，误识率可能较高；对于双胞胎，人脸识别技术不能区分；人脸的持久性差，如长胖、变瘦、长出胡须等，都会影响人脸识别技术的正确性；人的表情也是丰富多彩的，这也增加了识别的难度；人脸识别技术受周围环境的影响较大。由于这些缺点，人脸识别技术的准确率不如其他生物特征识别技术的准确率。

3. 虹膜识别技术

虹膜是眼球血管膜的一部分，它是环状的薄膜，具有终生不变性和差异性。人眼中的虹膜由随瞳孔直径变化而拉伸的复杂纤维状组织构成。人在出生前的生长过程造成了各自虹膜组织结构的差异。虹膜总体上呈现一种由里到外的放射状结构，它包含许多相互交错的类似于斑点、细丝、冠状、条纹、隐窝等形状的细微特征。这些特征信息对于每个人来说都是唯一的，其唯一性主要是由胚胎发育环境的差异决定的。通常，人们将这些细微特征信息称为虹膜的纹理信息。

与其他生物特征相比，虹膜是一种更稳定、更可靠的生理特征。而且，由于虹膜是眼睛的外在组成部分，因此，基于虹膜的生物特征识别系统对于使用者来说可以是非接触的。虹膜的唯一性、稳定性、可采集性、准确性和非侵犯性使得虹膜识别技术具有广泛的应用前景。

虹膜识别技术的优点是精确度高，建库和识别的速度快，无须人工干预，使用者无须与设备直接接触；缺点是虹膜识别技术对于眼疾患者无能为力，而且系统成本过高，需要比较好的光源。

4. 视网膜识别技术

视网膜是一些位于眼球后部十分细小的神经，它是人眼感受光线并将信息通过视神经传给大脑的重要器官，它同胶片的功能有些类似，用于生物特征识别的血管分布在神经视网膜周围，即视网膜四层细胞的最远处。在采集视网膜的数据时，扫描器发出一束光射入使用者的眼睛，并反射回扫描器，系统会迅速描绘出眼睛的血管图案，并录入数据库中。

视网膜识别技术的优点是具有相当高的可靠性。视网膜的血管分布具有唯一性，即使是双胞胎，这种血管分布也是有区别的。除了患眼疾或者严重的脑外伤以外，视网膜的结构形式在人的一生中都相当稳定。视网膜识别系统的误识率低。录入设备从视网膜上可以获得700个特征点，这使得视网膜扫描技术录入设备的误识率低于一百万分之一。视网膜是不可见的，因此也不可能被伪造。

视网膜识别技术的缺点如下。首先，采集设备成本较高，采集过程较为烦琐。视网膜扫描设备要获得视网膜图像，使用者的眼睛与录入设备的距离应在1.3 cm之内，并且在录入设备读取图像时，眼睛必须处于静止状态，因此导致使用不方便，使用者的接受程度较低。然后，视网膜静脉图像的不变性不够高，使得视网膜识别系统的拒识率相对较高。最后，视网膜识别技术可能会对使用者的健康造成损害。

5. 多模态识别技术

随着对社会安全和身份鉴定的准确性和可靠性要求的日益提高，单一的生物特征识别技术已远远不能满足社会的需要，进而阻碍了该领域更广泛的应用。由于没有任何一个单一的生物特征识别系统能提供足够的精确度和可靠性，因此，多模态识别系统是一个可选的策略。例如，声音和人脸结合在一起组成一个多模态识别系统。随着需求的增加，多模态生物特征识别的研究和应用逐渐兴起和深入。

基于多生物特征融合进行身份鉴定的优点主要有以下三个方面。

(1) 准确性。运用多个生物特征可以提高身份鉴定的准确性。

(2) 可靠性。伪造多个生物特征显然比伪造单个生物特征更困难。

(3) 适用性。每种生物特征都存在应用的局限性。

二、磁条(卡)识别技术

磁条识别技术应用了物理学和磁力学的基本原理。磁条就是一层薄薄的由定向排列的铁性氧化粒子组成的材料(也成为涂料),用树脂黏合在一起并黏在诸如纸或者塑料等非磁性基片上。数字化信息被存储在磁条中。类似于将一组小磁铁头尾连接在一起,磁条记录信息的方法是改变小块磁物质的极性。在磁性氧化的地方具有相反的极性(如 S—N 和 N—S),识读器能够在磁条内分辨这种磁性变换。这个过程被称作磁变。一部解码器识读到磁性变换,并将它们转换成字母和数字的形式以便由计算机来处理。

磁条有两种类型:普遍信用卡式和强磁式。强磁式磁条因降低了信息被涂抹或损坏的概率而提高了可靠性。大多数卡片和系统的供应商支持这两种类型的磁条。

磁条识别技术采用接触识读,它与条码有三点不同:其数据可以做部分读写操作;给定面积编码容量比条码的大;对于物品逐一标识的成本比条码的高,灵活性太差。磁条识别技术的优点是数据可读写,即具有现场改写数据的能力;数据存储量能满足大多数需求,便于使用,成本低,还具有一定的数据安全性;磁条能黏附于许多不同规格和形式的基材上。磁条的价格很便宜,但是很容易磨损,不能折叠、撕裂,数据量较小。

磁条识别技术在很多场景都得到了广泛的应用,如信用卡、机票、公共汽车票、自动售货卡、会员卡、借记卡等。磁条还用于对旅馆房间和其他设施的进出控制。其他应用包括时间与出勤系统、库存追踪、人员识别、娱乐场所管理、生产控制、交通收费系统和自动售货机。现在,每年有 100 多亿张磁条应用在各种场景中,而且应用的范围在不断扩大。

三、智能卡识别技术

智能卡是一种通过嵌在塑料卡片上的微型集成电路芯片来实现数据读写、存储的自动识别和数据采集(AIDC)技术。智能卡又称 IC(integrated circuit)卡。

根据所封装的 IC 芯片的不同,IC 卡可分为存储器卡、逻辑加密卡和 CPU 卡三种。

1. 存储器卡

存储器(memory)卡内的芯片为电擦除可编程只读存储器(EEPROM),以及地址译码电路和指令译码电路。存储器卡属于被动型卡,通常采用同步通信方式。这种 IC 卡存储方便、使用简单、价格便宜,在很多场合可以替代磁卡,但不具备保密功能,因此一般用来存放不需要保密的信息。存储器卡卡内嵌入的芯片为存储器芯片,这些芯片多为通用 EEPROM;无安全保护逻辑,可对卡内信息不受限制地任意存取;制造中也很少采取安全保护措施。

2. 逻辑加密卡

逻辑加密卡(memory card with security logic)由非易失性存储器和硬件加密逻辑构成。一般地,专门为 IC 卡设计的芯片具有安全保护逻辑,安全性能较好;同时采用只读存储器(ROM)、可编程只读存储器(PROM)、EEPROM 等存储技术;从芯片制造到交货,均采取较好的安全保护措施;支持 ISO/IEC 7816 国际标准。为提高安全性,逻辑加密卡的存储空间被分为多个不同的功能区。

逻辑加密卡有一定的安全保证,多用在需要保密但对安全性要求不是太高的场合,如保险卡、加油卡、驾驶卡、借书卡、IC 电话卡、小额电子钱包等。目前,逻辑加密卡是 IC 卡在非金融领域的最主要的应用形式。

3. CPU卡

CPU卡也称保密微控制器卡、加密微控制器卡(片内带加密运算协处理器)。CPU卡的硬件构成包括CPU、存储器[含随机存储器(RAM)、ROM、EEPROM等]、卡与读写终端通信的输入/输出(I/O)接口和加密运算协处理器(CAU),ROM中则存放有COS(chip operation system,片内操作系统)。

由于CPU卡具有很高的数据处理和计算能力以及较大的存储容量,因此应用的灵活性、适应性较强。同时,CPU卡在硬件结构、操作系统、制作工艺上采取了多层次的安全措施,这保证了其极强的安全防伪能力。它不仅可验证卡和持卡人的合法性,还可鉴别读写终端,已成为一卡多用及对数据安全保密性特别敏感场合的最佳选择,如金融信用卡、手机用户身份识别卡(SIM)等。

虽然通常将所有IC卡都称为智能卡,但严格地讲,只有CPU卡才真正具有智能特征,即只有CPU卡才是真正意义上的智能卡。

四、图像识别技术

随着微电子技术及计算机技术的蓬勃发展,图像识别技术得到了广泛的应用和普遍的重视,现已广泛应用于遥感、工业检测、机器人视觉等很多领域。

图像是用各种观测系统以不同形式和手段观测客观世界而获得的,可以直接或间接作用于人眼并进而产生视觉的实体。人的视觉系统就是一个观测系统,通过它得到的图像就是客观景物在人心目中形成的影像。我们生活在一个信息时代,科学研究和统计表明,人类从外界获得的信息约有75%来自视觉系统,也就是从图像中获得的。这里的图像是比较广义的,如照片、绘图等都属于图像的范畴。

在获得图像后,主要进行三方面的操作,即图像处理、图像识别和图像理解。

1. 图像处理

获得图像后,首先要对图像信息进行预处理(前处理),以滤去干扰、噪声,进行几何、彩色校正等,这样可提高信噪比。有时由于信息微弱,无法辨识,还得对图像进行增强。为了从图像中找到需要识别的东西,还得对图像进行分割,也就是进行定位和分离以分出不同的东西。为了给观察者清晰的图像,还要对图像进行改善,把已经退化了的图像加以重建或恢复,以便提高图像的保真度。在实际处理中,由于图像的信息量非常大,在存储及传送时,还要对图像信息进行压缩。

2. 图像识别

图像识别是对上述处理后的图像进行分类,确定类别名称,在分割的基础上选择需要提取的特征,并对某些参数进行测量,然后提取这些特征,最后根据提取的特征进行分类。为了更好地识别图像,还要对整个图像进行结构上的分析,对图像进行描述,以便解释图像的主要信息,并通过许多对象相互之间的结构关系对图像加深理解,以便更好地帮助识别。

3. 图像理解

图像理解是一个总称。上述图像处理及图像识别的最终目的在于对图像进行描述和解释,以便最终理解它是什么图像。图像理解是在图像处理及图像识别的基础上,根据分类进行结构分析来描述图像和解释图像的。因此图像理解包括图像处理、图像识别和结构分析。

图像识别、图像处理与图像理解有着紧密的关系。图像理解是一个系统。其中每一部分和其前面的一部分都有一定的关系，也可以说有一种反馈作用，例如，分割可以在预处理中进行，而且系统不是孤立的，为了发挥其功能，它时刻需要来自外界的必要信息，以便使每一部分都能有效地工作。这些外界信息是指处理问题和解决问题的看法、设想、方法等。例如，根据实际图像，在处理部分需要采用什么样的预处理，在识别部分需要怎样分割，抽取什么样的特征及怎样抽取特征，怎样进行分类，要分多少类，以及最后提供结构分析所需的结构信息等。

第四章　包装材料测试

包装材料测试主要用于研究和检测包装材料、包装容器以及包装件的性能，检测结果是评定流通过程中包装件性能的重要依据，主要涉及纸类、塑料、玻璃、金属等包装材料的性能测试，通过检验包装材料是否符合相关标准，进而评定包装的性能。本章主要围绕最常用的纸类包装材料、塑料薄膜包装材料以及缓冲包装材料测试进行介绍。

第一节　纸类包装材料测试

纸、纸板是日常生活中重要的包装材料，在包装工业中的应用越来越广泛，在包装材料中所占的比例也越来越大。纸和纸板的性能测试主要包括试验样品采取与温湿度预处理、纵横向与正反面判定、基本性能测试、光学性能测试、结构性能测试以及强度测试等，本节主要介绍纸、纸板的试验样品采取与温湿度预处理、纵横向与正反面判定以及强度测试等内容。

一、试验样品采取与温湿度预处理

（一）试验样品采取

试验样品主要是指按规定的检验方法进行测试的一定量的纸或纸板。纸与纸板结构的不均匀性，导致其性能因部位、纵横向、正反面不同而有所差异，因此，试验样品采取的基本要求是以尽可能少的试验样品，最大限度地代表整批产品特征。

1. 取样原理

从一批纸或纸板中随机取出若干包装单位，再从包装单位中随机抽取若干纸页，然后将所选的纸页分装并裁成样品，将样品混合后组成平均样品，从该平均样品中抽取符合检验规定的试验样品。

2. 取样步骤及方法

首先从一批纸或纸板中选取若干包装单元，再从包装单元中抽取若干纸样，纸样再进一步细分和组合成供各种试验用的试验样品。样品选取步骤和方法按照标准执行。

1）包装单元的抽取

按表 4-1 的规定进行抽取，包装单元应无破损，并具有完整包装，或按产品标准中的有关规定进行抽取。

2）整张纸页的抽取

从所抽取的包装单位中抽取整张纸页，具体包括平板纸纸页的抽取、卷筒纸纸页的抽取、单个产品的抽取、不能或不应打散的包装单位纸页的抽取等，如果已知纵横向、正反面，则应在抽取的纸页上做标注。

表 4-1　包装单元的抽取

整批包装单元数 n	选 取 单 元	选 取 方 法
1～5	全部	—
6～99	5	随机
100～399	$n/20$	随机
≥400	20	随机

（1）平板纸纸页的抽取：从所选取的包装单位中随机抽取相同数量的纸页，保证从该批中抽取的纸页数量满足试验要求，其取样数量如表 4-2 所示。

表 4-2　取样数量

每批包装单元的纸张数	最少抽样数
≤1000	10
1001～4999	15
≥5000	20

（2）卷筒纸纸页的抽取：从每个被选的卷筒纸外部去掉所有受损的纸层，在未受损的部分再去掉三层（定量不大于 225 g/m^2）或一层（定量大于 225 g/m^2）。沿卷筒的全幅裁切，其深度应能满足取样所需的张数，使切取的纸页与纸卷分离，保证每卷中所切取的纸页数量相同。

（3）单个产品的抽取：如果批是由单个产品组成的，则按表 4-2 的规定从批中随机抽取足够的样品。

（4）不能或不应打散的包装单位纸页的抽取：如果包装单位是一个不能或不应完全打散的包装件，例如卷、件或令，以及由商场销售或顾客提供的包装件，应按以下方法进行取样。从每个包装单位上切取至少 450 mm×450 mm 的切孔，去掉所有受损的纸层，在未受损的部分再去掉三层（定量不大于 225 g/m^2）或一层（定量大于 225 g/m^2），从每个切孔切取足够的深度以满足取样的要求。从每个切孔随机抽取相同数量的纸页，保证从该批中抽取的纸页数量满足试验的要求，在整批少于 5 个包装单位的情况下，建议在每个包装单位中切取 1 个以上的切孔，如果整批只有 1 个包装单位，则至少切取 3～5 个切孔。用此方法选取的纸页也可直接成为样品。

3. 样品的制备

1）平板纸或纸板

从所选的每张纸页上切取一个或多个样品，保证每张纸页上所切取的样品数量相同，每个样品为正方形，如果可能，应保证尺寸为 450 mm×450 mm。如果已知样品的纵横向、正反面，则应做标注；如果未知样品的纵横向、正反面，则应用样品的纵横向、正反面检测方法进行判定，然后做标注。

2）卷筒纸或纸板

从每整张纸页上切取一个样品，样品长度应为卷筒的全幅，宽度不小于 450 mm。对于宽度很小的盘纸，应先去掉盘纸外部有破损的纸幅，然后切取符合检验要求的长度足够的纸条。

3）单个产品

从每个所选产品的不同部位切取一个或多个样品，保证每个产品上所切取的样品数量相同，如果可能，整个产品即可组成一个样品。

（二）温湿度预处理

在进行纸与纸板的性能测试之前，按照相关规定，应将试验样品置于恒温恒湿条件下进行温湿度预处理，并尽可能在标准条件下进行测试，主要原因是空气温度和湿度的变化会影响纸、纸板的水分含量，也使得它们的物理性能和机械强度发生不同程度的变化，从而会对纸与纸板的性能检测数据产生影响。

1. 预处理条件

纸和纸板的温湿度预处理条件有两类：一类是常温常湿条件，这种条件标准在我国被广泛采用，即相对湿度为65%±2%、温度为(20±1) ℃；另一类是国际标准规定的标准大气温湿度条件，即相对湿度为50%±2%、温度为(23±1) ℃。

2. 处理方法

按照标准进行纸、纸板试验样品温湿度预处理。具体处理步骤如下。

(1) 预处理。在进行温湿度处理之前，应先将试验样品放入空气温度低于40 ℃且相对湿度不大于35%的环境中预处理24 h。如果试验样品水分含量低，需经吸湿达到平衡，则可以省去预处理。

(2) 温湿度处理。将裁切好的试验样品悬挂起来，以便于恒温恒湿的气流能自由接触到试验样品表面，直到水分平衡。当相隔1 h以上的前后两次连续称重结果相差不超过总重量的0.25%时，可认为达到平衡。在大气循环良好的条件下，一般纸的处理时间是4 h，定量较低的纸板的处理时间至少是5～8 h，定量大的纸板需处理48 h或更长时间。

二、纵横向判定

纸和纸板在生产过程中，与纸机运行方向一致的方向为纵向，与纸机运行方向垂直的方向为横向。方向不同，纸和纸板的许多物理特性会有显著的差异，因此在测定物理特性时，必须判定和考虑纸和纸板的纵横向。

纸和纸板的纵横向判定方法主要有纸条弯曲法、纸页卷曲法、强度鉴别法、纤维定向鉴别法，在判定纸和纸板的纵横向时以上四种方法均可选用，为了准确判定，试验时应至少使用两种方法。

（一）纸条弯曲法

平行于原样品边，取两条相互垂直的长约200 mm、宽约15 mm的试验样品。将试验样品平行重叠，用手指捏住一端，使其另一端自由地弯向手指的左方或右方。如果两个试验样品重合，则上面的试验样品为横向；如果两个试验样品分开，则下面的试验样品为横向。

（二）纸页卷曲法

平行于原样品边，切取50 mm×50 mm或直径为50 mm的试验样品，并标注相对原试验样品边的方向。然后将试验样品漂浮在水面上，试验样品卷曲时，与卷曲轴平行的方向为试验样品的纵向。

（三）强度鉴别法

利用试验样品的强度分辨方向。平行于原样品边，切取两条相互垂直的长 250 mm、宽 15 mm 的试验样品，测定其抗张强度，一般情况下抗张强度大的方向为纵向。如果通过测定试验样品的耐破度来分辨方向，则与破裂主线成直角的方向为纵向。

（四）纤维定向鉴别法

由于试验样品表面的纤维沿纵向排列，特别是网面上的大多数纤维是沿纵向排列的，观察时应先将试验样品平放，使入射光与纸面约成 45°角，视线与试验样品也约成 45°角，观察试验样品表面纤维的排列方向。在显微镜下观察试验样品表面，有助于识别纤维的排列方向。

三、正反面判定

纸页成型时不与造纸机成型网接触的面为正面，也称毯面；反之，纸页成型时与造纸机成型网接触的面为反面，也称网面。纸张的反面相对来讲比较粗糙，而正面相对较平滑紧密，正面的平滑度大于反面的平滑度，反面的白度大于正面的白度。纸和纸板的正反面判定方法主要包括直观法、湿润法、撕裂法等，可以选用以下方法中的其中一种进行判定。

（一）直观法

折叠一张试验样品，观察一面的相对平滑性，从造纸网的菱形压痕可以辨别出网面。将试验样品放平，使入射光与试验样品约成 45°角，视线与试验样品也约成 45°角，观察试验样品表面，如果发现网痕，即为反面。也可在显微镜下观察试验样品，有助于识别网面。

（二）湿润法

用热水或稀氢氧化钠溶液浸渍试验样品，然后用吸水纸将多余溶液吸掉，放置几分钟，观察两面，如果有清晰的网印，则为反面。

（三）撕裂法

用一只手拿试验样品，使其纵向与视线平行，并将试验样品表面接近于水平放置。用另一只手将试验样品向上拉，使试验样品首先在纵向上撕开。然后将试验样品撕裂的方向逐渐转向横向，并向试验样品边缘撕去。反转试验样品，使其相反的一面向上，并按上述步骤重复类似的撕裂。比较两条撕裂线上的纸毛，一条线上比另一条线上应起毛显著，特别是纵向转向横向的曲线处，起毛明显的为网面向上。

四、强度测试

本部分主要介绍纸与纸板强度测试，主要包括戳穿强度、拉伸性能、耐破度、抗压强度测试等内容。

(一) 戳穿强度测试

纸板的戳穿强度是纸类包装材料的重要性能指标，包装箱在装卸搬运、运输环节中，常常会因尖硬的物品撞击而损坏，因此必须掌握包装材料的戳穿强度。戳穿强度是指在规定的试验条件下，用符合标准规定的戳穿头穿透纸板所消耗的能量，以焦耳(J)表示。

戳穿强度属于动态强度，是纸板受到突然施加的冲击力时的强度性能。纸板戳穿强度与耐破度是有本质区别的，耐破度是均匀地施加压力而把试验样品鼓破，属于静态强度；而戳穿强度是突然施加一个撞击力把纸板戳穿，属于动态强度。

1. 主要试验仪器

纸板的戳穿强度测试一般采用指针式戳穿强度仪。试验时，在规定的试验条件下，将试验样品夹在戳穿强度仪上。用连在摆臂上的戳穿头戳穿试验样品，测定戳穿试验样品时所消耗的能量。

指针式戳穿强度仪主要由指针、刻度盘、摆臂、上下夹板、松释装置、戳穿头、摆锤、配重砝码、防摩擦套环等组成。仪器的底板应牢固地连接到坚固的基础上，在试验过程中不应产生震动和移动，以免损耗能量，且应保持水平。

摆锤上装有 90°圆弧的摆臂，摆臂坚固，使试验结果不受震动的影响。戳穿头接于摆臂的前端，是按照标准几何参数设计的正三角棱形角锥，其高度为 25 mm±0.7 mm。各面棱边圆角的半径为 10～16 mm。戳穿头的一个底边平行于摆轴，该底边的对角应指向摆轴。当戳穿头通过摆轴水平面的一半时，通过戳穿头有效点的对称轴应垂直于水平面。

防摩擦套环安装于戳穿头后部，在戳穿头穿过纸板时脱离戳穿头，留在试验样品上保持试验样品开孔，以避免弧形摆臂在穿过试验样品后受到摩擦而影响测试结果。当防摩擦套环脱离戳穿头时，因摩擦作用而损耗的能量是可测的，且可以通过调整环的松紧来改变。

根据试验样品戳穿强度的大小，在摆臂上调整配重砝码，以改变摆锤的冲击力，便于选择合适的测量范围，使试验结果为相应刻度最大值的 20%～80%。

刻度盘上刻有 4 组以焦耳(J)为单位的读数范围，分别为 0～6 J、0～12 J、0～24 J、0～48 J。不同的读数范围采用不同的配重砝码，以读取负荷指针的所指数据作为测定结果。指针轴的摩擦力应刚好能使指针平缓地移动，且没有甩动。目前也有仪器采用电子读数。

松释装置包括固定装置、释放装置和保险装置。固定装置是将摆锤水平地吊挂在起始位置；释放装置应能平稳自由地释放摆锤，不应给摆锤施加任何初速度；保险装置应锁紧释放装置，使之不能随意操作，以防摆锤意外脱落。

2. 仪器调节和校准

1) 摆锤平衡

当摆锤的重心处于最低点时，戳穿头的尖端应在摆轴的水平面±5 mm 以内，否则用平衡砣调节。

2) 指针零点

除去摆锤上的配重砝码，移开试验样品夹板后，将摆锤置于起始位置，并将指针拨至满刻度。释放摆锤，摆即摆动。这时指针应指向零点，否则应调节摆上的零点调节螺丝。如此反复数次，直至指针正好指向零点。更换不同的配重砝码时，无须重新校对零点。

3）指针摩擦阻力

调节零点后，保持指针零点不动，再次释放摆锤，摆锤带动指针转动。这时指针不得超出零点外 3 mm，否则在指针的轴承上注润滑油或调节指针的弹簧压力。

4）摆轴摩擦阻力

在不加任何配重砝码时释放摆锤，使之自由摆动直至停止，其摆动次数应不少于 100 次，否则在摆轴的轴承上加润滑油。在摆锤上加合适的配重砝码，将指针拨至满刻度，释放摆锤，摆即摆动。此时指针所指的数值就是该配重砝码对应的摆轴摩擦阻力。反复测定 5 次，取其算术平均值，该值应不超过该配重砝码所对应的最大刻度的 1%。

5）防摩擦套环摩擦阻力

在调节和校准摆轴摩擦阻力后，卸下摆锤上的配重砝码，将上、下夹板恢复到正常工作状态。将一块中间带边长为 61 mm 的等边三角形孔的铝板夹在上、下夹板之间，使铝板的三角形孔与压板的三角形孔对正。然后将防摩擦套环套在戳穿头的后部，并将指针拨至最大刻度，使摆锤置于起始位置。释放摆锤，摆即摆动，戳穿头穿过铝板的三角形孔，而防摩擦套环则留在铝板上。此时刻度盘上的指针读数就是防摩擦套环摩擦阻力。反复测定 5 次，取其算术平均值。该值应不大于 0.25 J，否则应调节戳穿头上的三个顶球螺钉，以适当减小弹簧压力；若该值太小，防摩擦套环在戳穿头的后部套得太松，会影响测定结果，则应调节戳穿头上的三个顶球螺钉，以适当增大弹簧压力。

3. 测试方法

按照标准进行试验。具体测试步骤如下。

（1）试验样品采取与处理。试验样品采取按标准的要求进行，试验样品处理按标准的要求进行。从处理后的每张样品中，切取不小于 175 mm×175 mm 的试验样品 8 张。试验样品应平整，无机械加工痕迹和外力损伤。在任何情况下，戳穿试验样品应距样品边缘、折痕、划线或印刷部位不小于 60 mm。如果由于某种原因，用已印刷的纸板做试验，则应在试验报告中说明。

（2）试验应在标准规定的大气条件下进行。

（3）进行摆锤平衡、指针零点、指针摩擦阻力、摆轴摩擦阻力、防摩擦套环摩擦阻力的调节及校准，并做好记录。

（4）检查仪器是否水平，摆锤固定装置是否牢固，释放装置、保险装置是否正常，有无其他安全隐患。选择合适的配重砝码，使测定结果为相应刻度最大值的 20%～80%。将配重砝码安装在摆臂上，并将摆锤吊挂在起始位置，然后关上释放装置、保险装置。

（5）将防摩擦套环套在戳穿头的后部，并将指针拨到最大刻度，然后将待测试验样品夹在上、下夹板之间。

（6）打开释放装置和保险装置，释放摆锤，摆即摆动，戳穿头穿过试验样品。当摆锤摆回来时，顺势用手接住摆臂或摆锤背部的把手，慢慢提起摆锤，使其吊挂在起始位置。

（7）在刻度盘上配重砝码对应的刻度范围内，读取测定结果，应准确至最小分度值的一半。

（8）重复上述步骤，直至全部试验样品测定完毕。

将一张试验样品的纵向正面、纵向反面、横向正面、横向反面各 2 个测定值进行算术平均，作为该试验样品的戳穿强度。若防摩擦套环摩擦阻力和摆轴摩擦阻力之和大于或等于测试值的 1%，则用测定值减去该阻力之和，作为该试验样品的戳穿强度。

若要测定一张试验样品的纵向戳穿强度，则应将其纵向正面、纵向反面的测定值进行算术平均；同样地，若要测定一张试验样品的横向戳穿强度，则应将其横向正面、横向反面的测定值进行算术平均。

报告结果时，如果最终结果小于 12 J，则准确至 0.1 J；如果最终结果大于 12 J，则准确至 0.2 J。必要时，应报告最大值、最小值、标准偏差和变异系数。

（二）拉伸性能测试

材料的拉伸性能主要与抗张强度、裂断长、伸长率等参数有关。抗张强度是衡量纸张抵抗外力拉伸的能力，它是指一定宽度的纸或纸板试验样品所能承受的最大抗张力，单位是 kN/m。裂断长可以消除定量不同的影响，且便于与抗张强度比较。裂断长是指具有一定宽度的纸条在本身质量的重力作用下被拉断时所需要的长度。纸张横断面的抗张强度是指试验样品横截面上单位面积的抗张力，单位是 kPa。伸长率是衡量纸与纸板韧性的一项指标，它是指试验样品受到拉伸直至断裂时所增加的长度对试验样品原长的百分比。

纸张的裂断长为

$$L=\frac{G_p}{B\times G} \tag{4-1}$$

式中：L——试验样品的裂断长，单位为米(m)；

B——试验样品的宽度，单位为米(m)；

G_p——试验样品的绝对抗张强度，单位为牛顿(N)或千克力(kgf)；

G——试验样品定量，单位为克每平方米(g/m^2)。

纸张的抗张强度为

$$S=\frac{G_p}{A} \tag{4-2}$$

式中：S——单位横截面的抗张强度，单位为千帕(kPa)或千克力每平方厘米(kgf/cm^2)；

A——试验样品的横截面积，即试验样品的宽度与厚度之积，单位为平方米(m^2)或平方厘米(cm^2)。

纸张的抗张指数为

$$X=\frac{G_p\times G_0\times B_0}{G\times B}=\frac{100G_p}{1.5G} \tag{4-3}$$

式中：X——抗张指数，单位为牛顿(N)；

$G_0=100\ g/m^2$；

$B_0=1\ cm$；

B——试验样品的宽度，值为 1.5 cm。

纸张的伸长率为

$$\varepsilon=\frac{\Delta L}{L_0}\times 100\%=\frac{L-L_0}{L_0}\times 100\% \tag{4-4}$$

式中：ε——试验样品的伸长率，%；

ΔL——试验样品的伸长量，单位为毫米(mm)；

L_0——试验样品测试前的长度，单位为毫米(mm)；

L——试验样品断裂时的长度，单位为毫米(mm)。

1. 主要试验仪器

测定纸与纸板抗张强度时采用抗张强度测定仪。抗张强度测定仪分为摆锤式、扭力棒式、电感应式等类型，国内最常用的是摆锤式抗张力试验机。

1）拉力试验机

拉力试验机主要由传动变速机构、抗张强度测量机构、伸长测量机构等组成。传动装置带动下夹头以一定的速度下降，通过试验样品将拉力传递给上夹头，上夹头通过链条传动，使扇形摆摆动，制动爪在弧形齿条上滑动，试验样品断裂时扇形摆由制动爪卡住，由扇形摆所转动的角度直接在标尺上读取该试验样品的抗张强度值。拉力试验机是根据扇形摆的平衡原理测定纸张的抗张强度的，故也被称为摆锤式抗张力试验机。

2）恒伸长式拉伸试验仪

恒伸长式拉伸试验仪有单丝杠传动和双丝杠传动两种结构形式，它们的工作原理相同。双丝杠传动承载能力大，但要求两丝杠同步传动；而单丝杠传动承载能力小，结构简单。

（1）双丝杠式万能拉伸仪由双立柱支撑，丝杠安装在立柱壳内，并用皮套密封，在丝杠上安装一个十字头，在十字头上安装传感器。主机机座内有一个单板机，可进行整机控制，并能自动校准。夹具由压缩空气控制。输出参数包括抗张强度、伸长量、伸长率、抗张能量吸收、应力-应变曲线等。该设备还可用于疲劳试验和抗压试验。

（2）单丝杠式电子拉伸试验机与双丝杠式万能拉伸仪的工作原理相同，但承载能力小，结构简单。主要技术参数包括：最大负荷量是 0～1000 N，伸长量的分辨率是 0.1 mm，抗张能量吸收最大值是 1000 J/m^2，最大行程是 450 mm，拉伸速度是 0～400 mm/min。在使用该仪器之前，应校对负荷准确度、抗张能量测量误差、伸长量测量误差，并检查上夹具上升速度的精度以及复位精度。

3）水平式抗张力试验仪

水平式抗张力试验仪的主要特点是拉力的作用方向与水平方向平行，两个夹具沿水平方向放置，当试验样品放入夹具时遮蔽发光管，此时气动夹具自动接通且夹紧试验样品，随后自动打开运行开关，至试验样品拉断时，夹具自动返回到初始状态。三个显示器分别显示出抗张强度、伸长量、抗张能量吸收。试验速度是由一个拉断时的旋钮来调节的，同时还有抗张强度和伸长率高低两个测量选择范围开关。

2. 测试方法

按照标准进行试验。该标准适用于除了瓦楞纸板以外的所有纸与纸板。下面介绍采用恒伸长式拉伸试验仪测试方法。

（1）试验样品采取与处理。按标准的要求取样，沿纸幅纵、横两个方向各切取宽(15±0.1) mm、长 250 mm 试验样品 10 片，试验样品的两个边应是平直的，其平行度在 0.1 mm 以内，切口应整齐，无任何损伤。按标准的要求对试验样品进行温湿度预处理。

（2）打开电源开关，预热仪器 30 min 左右。对于有气动夹具的仪器，应将气压调节到所要求的范围。

（3）输入有关参数，如传感器参数、拉伸速度、试验样品规格和数量以及是否要对试验结果进行统计处理等。仪器类型不同，参数内容也就不同。拉伸速度根据试验样品产品标准要求来确定，保证试验样品在(20±5) s 内断裂。如果计算弹性模量，还要输入试验样品的厚度。

（4）检查仪器是否反应正常。一般情况下，仪器带自检程序，如果不正常，仪器则不能正常工作。按要求调节好夹具之间的距离。

(5) 将经过恒温、恒湿处理的试验样品夹于夹具之间，试验样品一定要夹紧夹正，保证试验样品在试验过程中上下保持 90°±1°的垂直度。

(6) 开动仪器进行试验，仪器按预先设置的加载速度将试验样品拉断。在试验样品拉断瞬间，拉伸力突然减小，计算机将控制夹具自动返回到拉伸的初始位置，测试结果可以显示或打印。

(7) 试验结束后，应注意不要在传感器上悬挂重物。先切断电源，再关闭计算机电源开关和仪器动力开关，最后切断总电源。仪器在长时间不用时，应定期通电检查，以免因潮湿而使电气元件失灵或短路。

(三) 耐破度

耐破度是指纸板在单位面积上所能承受的均匀增大的最大压力，单位以 Pa 表示。包装件在运输和存储过程中常常会受到外力的挤压或硬物碰撞，以及内装物的冲击，此时用抗张强度或其他强度指标来评价纸或纸板耐碰撞的能力显然是不合适的，需要引入耐破度。耐破度是均匀地对试验样品施加压力，把试验样品鼓破时的最大压力，属于纸或纸板的静态强度。当纸板承受垂直于纸板面的压力时，纸板开始变形，随着压力的增大，变形程度也相应增大，直至纸板破裂。

耐破度是评价纸袋纸、包装纸及纸板性能的一项重要指标，它受纤维之间结合力和纤维平均长度的影响，是抗张强度和伸长率的复合函数，其应力大部分是在纸张破裂时，横跨纸幅的压力差所形成的一种张力。由于各个方向的变形量基本相同，因此纸张中产生了均衡应力。由于纸张纵向伸长率较小，受压后成为纵向张力，因此试验样品的裂纹一般与纸张的纵向垂直。

绝对耐破度：指在试验样品破裂时耐破度仪压力表所指示的绝对值，单位是 Pa，曾用单位为 kgf/cm^2（$1\ kgf/cm^2 \approx 98\ kPa$）。

相对耐破度：指将不同定量的试验样品所测定的耐破度换算成定量是 100 g/m^2 的耐破度。

耐破指数：指试验样品绝对耐破度与纸张定量之比，单位是 $kPa \cdot m^2/g$。

绝对耐破度与抗张强度的关系为

$$B_{ur} \times R = 2T \tag{4-5}$$

式中：B_{ur}——绝对耐破度，单位为帕(Pa)；

R——纸板破裂时的弯曲半径，单位为米(m)；

T——纸板试验样品单位宽度的纵向抗张强度，单位为牛每米(N/m)。

1. 主要测试仪器

1）缪伦式耐破度仪

缪伦式耐破度仪适用于箱纸板和瓦楞纸板的耐破度测试，测试原理是液压增加法。用一定的压力将试验样品压紧在上、下两个夹盘之间，试验样品不能滑动。电动机带动活塞，而活塞推动适宜的液体向胶膜匀速施加压力，胶膜凸起，顶起试验样品，直到试验样品破裂为止。送液量是(170±15) mL/min，压力表指示所施加压力的最大值，即试验样品的耐破度。

2）04BOM 型耐破度仪

04BOM 型耐破度仪适用于测定纸和纸板的耐破度。试验时在放置试验样品的下压板孔的下侧安装一个胶膜，其下是一个充满甘油的压力室，压力室内装有一个活塞，活塞运动使胶膜向上膨胀，并将试验样品鼓破，其压力值由安装在压力室内的传感器检测，经电子线路变换并显示在显示器上。试验样品的固定是用气压来实现的，在上压板的上方安装汽缸和活塞，由气阀控制上压板下压或提升。压力室内的活塞运动是借助其下方的电动机带动一对齿轮齿条传动，而齿条的运动迫使活塞加压或减压。

主要技术参数如下。

（1）最大压力：2000 kPa（PD型用于测定纸张）。

（2）最大压力：6000 kPa（JD型用于测定纸板）。

（3）测量精度：小于或等于±1%。

2. 测试方法

1）纸板耐破度测试法

按照标准进行试验。测试仪器是缪伦式耐破度仪或04BOM型耐破度仪。胶膜的厚度是（2.5±0.2）mm。在胶膜凸出下夹盘表面9.5 mm时，胶膜的弹性阻力应为156.8～189.0 kPa。胶膜变形要立即更换。具体测试步骤包括以下几点。

（1）按标准的要求取样，沿纸幅横向切取100 mm×100 mm试验样品10条，正、反面各5条，并按标准的要求对试验样品进行温湿度预处理。

（2）将试验样品压紧在两个试验样品夹之间，保证在试验时试验样品不滑动。

（3）以（170±5）mL/min的速度逐渐增加压力，直至试验样品破坏，读取压力表上指示的数值。

试验结果以所有测试结果的算术平均值表示。

2）瓦楞纸板耐破度测试法

按照标准进行试验。测试原理是将试验样品置于胶膜之上，用试验样品夹夹紧，然后均匀地施加压力，使试验样品与胶膜一起自由凸起，直至试验样品破裂为止。该标准适用于耐破度是350～5500 kPa的瓦楞纸板，利用液压增加法测定瓦楞纸板的耐破度，即在试验条件下瓦楞纸板单位面积所能承受的均匀增大的最大压力。试验仪器是缪伦式耐破度仪或04BOM型耐破度仪。胶膜的厚度是（2.5±0.2）mm，它的上表面比下夹盘的顶面约低5.5 mm，胶膜材料和结构应使胶膜凸出下夹盘的高度与压力相适应。具体测试步骤如下。

（1）试验样品采取与处理。按标准的要求取样，沿纸幅横向切取100 mm×100 mm试验样品10条，正、反面各5条，按标准的要求对试验样品进行温湿度预处理。

（2）将试验样品夹紧在两个夹环之间，开动耐破度仪，以（170±15）mL/min的速度逐渐增大压力，直至试验样品破坏为止，读取压力表上的指示值。测试结果以所有测定值的算术平均值表示。

由于瓦楞纸板由面纸、里纸、瓦楞芯纸黏合而成，中间有空隙，缓冲性能变好，但是更容易被击破，因此瓦楞纸板的耐破度低于其面纸、里纸、瓦楞芯纸的耐破度之和。

（四）抗压强度测试

纸和纸板抗压强度主要是指在规定的条件下，试验样品边缘受压直至压溃时单位长度所能承受的最大压缩力，以千牛每米（kN/m）表示。对于大多数纸质包装箱在运输、存储过程中，不可避免地会多层叠放，必须要求包装箱具有一定的抗压强度，以保证内装物不被损坏。纸箱抗压强度的大小主要取决于其组成材料的抗压性能,因此可以通过对组成纸箱的材料,即纸板进行抗压强度测试,来评价纸箱的抗压强度。纸板的抗压强度以单位长度、单位面积上的抗压能力来表示,纸板的抗压强度可以用环压强度、平压强度和边压强度等指标来表征。

1. 主要测试仪器

纸和纸板的抗压强度主要用压缩试验仪来测定。目前,压缩试验仪主要有弹簧板式和传感器式两种类型。常用的有48型压缩试验仪和YQ-Z-40A型压缩试验仪,这两种都属于传感器式压缩试验仪,下面主要对压缩试验仪的结构、工作原理和主要技术参数进行介绍。

1）弹簧板式压缩试验仪

(1) 结构及工作原理:弹簧板式压缩试验仪由两个支撑刀、加压装置、弹簧板和变形测量器等组成。当上压板以一定的速度向下加压时,通过试验样品将压力传递到弹簧板上。由于压力的作用,弹簧板产生变形,并由千分表指示出来。当试验样品被压溃后,因弹簧板所受压力骤然下降而弹回原位,摩擦千分表内部的一个弹簧片而使指针停在原位,然后根据弹簧板的应力-应变曲线查出应力值,即试验样品的抗压强度。

(2) 主要技术参数。

① 上压板下降速度:(12.5±2.5)mm/min。

② 压板压力增大速度:(110±23)N/s,(67±13)N/s。

③ 上压板向下运动时的水平晃动量:小于0.05 mm。

④ 试验过程中上、下压板平行度:小于0.05 mm。

⑤ 弹簧板最大挠度:小于2.27 mm。

2）48型压缩试验仪

48型压缩试验仪适用于瓦楞纸板抗压性能测试,具体包括瓦楞芯平压强度(CMT)、瓦楞芯纸立压强度(CCT)、瓦楞原纸环压强度(RCT)、单瓦楞纸板平压强度(FCT)、瓦楞纸板边压强度(ECT)和瓦楞纸板黏合强度(PAT)等测试内容。

(1) 结构及工作原理:48型压缩试验仪下测量板是运动加压部件,仪器上部装有压力传感器和上测量板。当下测量板向上运动时,试验样品在接触上测量板的同时,将压力值传递给压力传感器,压力信号经过电子线路的变换、放大,显示在压力值显示器上。

(2) 主要技术参数。

① 额定压力:5 kN。

② 显示值误差:小于±1%。

③ 行程:76 mm。

④ 压缩板尺寸:125 mm×125 mm。

⑤ 试验速度范围:5～50 mm/min。

⑥ 标定速度:12 mm/min。

3）YQ-Z-40A型压缩试验仪

(1) 结构及工作原理:YQ-Z-40A型压缩试验仪工作时主要由电机带动其左边的蜗杆减速器,用传动链将动力传递给顶盖的蜗杆减速器,在该减速器的蜗轮上装有与丝杠配合的螺母,丝杠螺母做旋转运动,带动丝杠做上下运动。当丝杠向下运动时,上测量板给试验样品施加压力,安装在下测量板下面的压力传感器将压力信号传给电子线路,经变换、放大后显示在压力值显示器上。用试验样品破裂时的电信号控制电机反转,实现上测量板自动返回。

（2）主要技术参数。

① 压力范围：0～3 kN。

② 测量精度：±1%。

③ 测量板移动速度：(12.5±2.5) mm/min。

④ 测量板尺寸：120 mm×120 mm。

2. 测试方法

1）环压强度试验

（1）测试原理。纸或纸板的条状环形试验样品受到逐渐增大的边缘压缩力直到被压溃，环压强度由试验样品长度和最大压缩力计算而得。纸或纸板圆环形试验样品在两测量板之间被压缩，测试试验样品在压溃前所能承受的最大压缩力的单位用 N 表示。

试验仪器主要包括取样装置、试验样品座和压缩试验仪。取样装置主要部件为冲刀，能够精确地将试验样品切成规定的尺寸，且试验样品边缘平直光滑、无毛刺。试验样品座是装夹固定试验样品的一个装置，由底座与可装卸内盘组成，底座一般为圆柱形，具有圆柱形凹槽，内盘与底座匹配可形成环形槽，底座凹槽内径为 49.30 mm±0.05 mm，深度为 6.35 mm±0.25 mm，凹槽底部与底座的底面平行度在 0.01 mm 以内。内盘厚 6.35 mm±0.25 mm，应配备多种直径的内盘以便适应不同厚度的试验样品。试验样品环形槽的宽度应至少为测试试验样品厚度的 150%，但不得超过 175%。压缩试验仪可以采用弹簧板式压缩试验仪，也可采用传感器式压缩试验仪。如果采用固定压板式压缩试验仪，除了要求两板间平行度不大于 1∶4 000（应在 0.025 mm/100 mm 以内）以外，固定压板式压缩试验仪应符合标准的规定，并按照标准进行校准。

（2）按照标准进行试验。具体测试步骤包括以下几点。

① 试验样品采取与处理。按标准的要求取样，按标准的要求对试验样品进行温湿度预处理。

② 试验样品的制备。为避免手上污染物影响测试结果，从试验样品制备到测试的整个过程中需要戴手套。使用取样装置裁取试验样品，应避开皱纹、折痕或者其他可能影响测试结果的可见纸病，一次裁取一片，试验样品的宽度为 12.7 mm±0.1 mm，长度为 $152.4^{0}_{-2.5}$ mm，确保试验样品边缘平直光滑，无撕裂或磨损，长边方向平行度在 0.015 mm 以内。除非另做说明，每个测试方向一般需裁取至少 10 条试验样品。试验样品长边垂直于纵向的试验样品用于测定纵向环压强度，试验样品长边平行于纵向的试验样品用于测定横向环压强度。裁取两面纤维组成不同的试验样品时，应预判纸和纸板在制成容器时的朝外面，该面应朝向冲刀，或背向双刃刀的刀刃。

另外，需注意取样装置在裁取试验样品时易产生小的凸起或裁取边产生轻微卷曲，若这些凸起或卷曲朝向环心，测试时会有托起内盘的趋势，从而导致结果错误。若无法区分试验样品的正反面或者朝外面无法确认，应至少裁取 10 片试验样品，保证相同的面朝向冲刀，或者双刃刀的刀刃。

③ 试验样品测试。按标准测定试验样品的厚度，根据试验样品厚度选择适当直径的内盘装入试验样品座。内盘与底座内壁间的间隙应能使试验样品自由进入且无阻力，但间隙宽度不应超过试验样品平均厚度的 175%。将试验样品插入切线槽，并继续轻轻地将试验样品插

入试验样品座至自由端离开切线槽。应保证有相同数量的试验样品的内面与外面朝向环心插入试验样品座。试验样品在插入试验样品座的过程中应保证内盘无抬起，否则试验样品下沿可能被内盘下部压住。将试验样品座置于压缩试验仪下压板的中心，必要时使用标记或者挡块确保试验样品座总是置于相同的位置。

定位试验样品座，使试验样品接头位置总是朝向同一方向(左面或右面)，然后进行测试。

启动压缩试验仪进行压缩，使上压板均匀下降来压缩试验样品，直至试验样品边缘压溃，指针不再移动后抬起上压板，记录弹簧板的最大弯曲变形量(即千分表读数)，然后从弹簧板的应力-应变曲线上查出压溃试验样品所需的最大压力，精确到 1 N。

对于传感器式压缩试验仪，试验样品被压溃后，关停仪器，然后反转电机使上压板返回原位，记录显示器读数，即环压强度。

④ 重复上述步骤测试剩余的试验样品。

⑤ 计算纸板环压强度。

2）瓦楞芯平压强度试验

(1) 测试原理　瓦楞芯平压强度是指在一定温度下，由瓦楞纸制成的瓦楞芯纸所能承受的最大压力。试验时将瓦楞纸在一定齿形的槽纹仪上压成一定形状的瓦楞芯，然后在压缩试验仪上测定瓦楞芯所能承受的最大压力，单位以 N 表示。

(2) 测试方法　按照标准进行试验，试验仪器采用压缩试验仪和瓦楞芯槽纹仪，利用瓦楞芯槽纹仪将瓦楞芯纸制作成瓦楞芯。压缩试验仪可采用弹簧板式压缩试验仪或传感器式压缩试验仪。具体测试步骤如下。

① 试验样品采集与处理。按标准的要求取样，沿纸幅切取宽度为(12.7±0.1) mm、长度至少为(152±0.5) mm(纵向)的试验样品数条。按标准的要求对试验样品进行温湿度预处理。

② 开动瓦楞芯槽纹仪，预先加热到(177±5) ℃，然后将试验样品垂直插入瓦楞辊轮，制作瓦楞芯试验样品。随后把瓦楞芯试验样品放置在梳板上，再把梳齿压在试验样品上。

③ 用一条长约 120 mm 的胶带放在瓦楞芯试验样品的楞峰上，随后压上平压板，使瓦楞楞形固定。轻轻地取出梳齿，将瓦楞芯试验样品从齿条上取下，平放在压缩试验仪的下压板中央位置，没有黏胶带的一面朝上。开动压缩试验仪，将瓦楞芯试验样品压溃，读取记录仪上的数值，得到瓦楞芯的平压强度。如有必要，也可将瓦楞芯试验样品放置在恒温、恒湿条件下处理 30 min，再进行压缩试验。如果压缩试验仪的上、下压板的表面是光滑的，需用细砂布将上、下平板平整地包上，以防止压楞时滑动。在试验中，如果胶带脱离或瓦楞被压倒向一边，应重新进行试验。

④ 试验结果以所有测定值的算术平均值表示，精确到 1 N，并报告最大值和最小值。

3）瓦楞纸板边压强度试验

测试方法按照标准进行试验，该标准适用于单瓦楞纸板、双瓦楞纸板和三瓦楞纸板的测定。具体测试步骤包括以下几点。

(1) 试验样品采集与处理。按标准的要求取样，沿纸幅切取矩形试验样品 10 个，试验样品尺寸是短边(25±0.5) mm、长边(100±0.5) mm，短边沿瓦楞方向。由于瓦楞纸板厚度大，受压易变形，使中间瓦楞芯形状发生变化，导致测试结果误差较大，因此，必须使用专用切刀或模具制作试验样品。将矩形试验样品置于耐压强度测定器的两压板之间，并使试验样品的瓦楞方向垂直于仪器的两个压板，然后对试验样品施加压力，直至试验样品被压溃为止，单位以N/m表示。耐压强度测定器可采用弹簧板式压缩试验仪，也可采用传感器式压缩试验仪。瓦楞纸板边压强度的测试步骤主要有：制作试验样品，裁切出光滑、笔直而且垂直于纸板表面的边缘。按标准的要求对试验样品进行温湿度预处理。

(2) 在压缩试验仪的上、下压板上平整地包上细金刚砂布，应保持上、下压板之间的平行。

(3) 将试验样品置于压缩试验仪下压板的中央位置，用导板夹持，保持试验样品的瓦楞方向与下压板平面垂直。

(4) 开动压缩试验仪，对试验样品施加压力，当压力约为50 N时，撤去导板，继续施加压力直至试验样品被压溃为止，读取仪器显示值，即试验样品所能承受的最大压力值，精确到N。

(5) 回复上压板，准备进行下一次试验。

(6) 计算瓦楞纸板边压强度。

用10次试验的算术平均值表示试验样品的边压强度，精确至100 N/m。

第二节　塑料薄膜包装材料测试

塑料是一种重要的有机合成高分子材料，大多数塑料具有质轻、化学稳定、不会锈蚀、耐冲击性能好、绝缘性能好、导热性低、易加工、成本低等特点，被广泛应用于各类产品的包装。本节主要介绍塑料薄膜的透气性、透湿性、拉伸强度、直角撕裂强度的测试内容。

一、透气性测试

目前产品包装广泛采用充气包装、真空包装、无菌包装，采用这些包装就要求塑料薄膜具有良好的气体阻隔性能，不同的塑料薄膜对气体的阻隔性能也不同，气体的阻隔性能即透气性是塑料薄膜的一项重要的物理性能，本部分介绍塑料薄膜的透气原理和测试方法。

(一) 透气原理

气体透过塑料薄膜(无缺陷)的过程是单分子扩散的过程，共包括三个步骤：首先气体在高压侧的压力作用下溶解于塑料薄膜内表面；然后气体分子在塑料薄膜中从高浓度区向低浓度区扩散；最后在低压侧向外散发。气体对薄膜的渗透就是由无数个单分子对薄膜的渗透构成的。但是，当塑料薄膜上存在裂缝、针孔或其他细缝时，就可能发生其他类型的扩散。不同的气体对同一种包装材料的透气系数是不同的，气体的透气过程从形式上看十分简单，可是从气体分子渗透反应动力学上看却比较复杂，因为这一反应是由若干基元反应组成的。氮气、氧气、二氧化碳气体在塑料薄膜中的扩散，在很短时间内可以达到稳定状态，若塑料薄膜两侧保持一个恒定的压力差，气体将以恒定的速度透过薄膜。

气体透过量：在恒定温度和单位压力差下，在稳定透过时，单位时间内透过试验样品单位面积的气体的体积。以标准温度和压力下的体积值表示，单位为：$cm^3/(m^2 \cdot d \cdot Pa)$。

气体透过系数：在恒定温度和单位压力差下，在稳定透过时，单位时间内透过试验样品单位厚度、单位面积的气体的体积。以标准温度和压力下的体积值表示，单位为：

$cm^3 \cdot cm/(cm^2 \cdot s \cdot Pa)$。

（二）测试方法

目前，测试塑料薄膜透气性的方法有压差法、浓度法、体积法、热传导法、气相色谱法等多种方法，压差法、浓度法和体积法是确定气体透过量的三个基本方法，其中应用最广泛的是压差法和浓度法。压差法的主要特点是准确性高，重复性高，在测定气体透过系数的同时，还能求得扩散系数，并能间接求得溶解度系数。

1. 压差法

1）测试原理

塑料薄膜或薄片将低压室和高压室分开，高压室充有约 10^5 Pa 的试验气体，低压室的体积已知。试验样品密封后用真空泵将低压室内的空气尽量抽完。

用测压计测量低压室内的压力增量，可确定试验气体由高压室透过膜（片）到低压室的以时间为函数的气体量，但应排除气体透过速度随时间变化的初始阶段。

气体透过量和气体透过系数可由仪器所带的计算机按规定程序计算后输出到软盘或打印在记录纸上，也可按测定值经计算得到。

2）测试仪器

压差法测试仪器一般由上下两部分组成，当装入试验样品时，上部为高压室，用于存放试验气体；下部为低压室，用于储存透过的气体并测定透气过程前后的压差，以计算试验样品的气体透过量。上下两部分均装有试验气体的进出管。低压室由一个中央带空穴的试验台和装在空穴中的穿孔圆盘组成。根据试验样品透气量的不同，穿孔圆盘下部空穴的体积也不同。试验时应在试验样品和穿孔圆盘之间嵌入一张滤纸以支撑试验样品。高、低压室应分别有一个测压装置，低压室测压装置的准确度应不低于 6 Pa。

(1) GT-V03 压差法气体透过率测试仪。

GT-V03 压差法气体透过率测试仪是一款专业的膜片类材料气体透过率测试仪，适用于塑料薄膜、复合薄膜的透气率、溶解度系数、扩散系数、渗透系数的测定。

GT-V03 压差法气体透过率测试仪主要由仪器主机、真空泵、恒温控制器、测试软件、取样器、取样刀片、计算机及相关试验配件组成。试验时，将预先处理好的试验样品，放置在上下测试腔之间加紧。首先对下腔（低压腔）进行真空处理，然后对整个系统抽真空；当达到预定的真空度后，关闭下腔，向上腔（高压腔）充入具有一定压力的试验气体，在试验样品两侧形成恒定的压力差（压力范围可调整）；试验气体会在压差的作用下，由高压侧向低压侧渗透，通过对低压侧内压强的监测处理，来得出所测试的各项阻隔性参数。

(2) L00-4200 型薄膜透气率测定仪。

L00-4200 型薄膜透气率测定仪适用于测定塑料薄膜、复合薄膜的透气率。在薄膜的一侧保持 13.33 Pa 的气压，在另一侧形成真空（负压），试验气体在该仪器内的压差作用下，由压力高的一侧渗透到压力低的一侧，测量结果以 $mL/(m^2 \cdot 24\ h)$表示。

L00-4200 型薄膜透气率测定仪由微处理机控制记忆储存单元、测量室、水循环冷却恒温箱、两级真空泵和带减压装置的气体供给系统组成。试验气体进入上测量室，进入时气压由减压阀控制，流量大小由流量计指示，在上、下测量室之间装夹试验样品，下测量室与真空计连接，由真空泵产生负压，真空度由真空计指示，除了进气管道设置在上测量室以外，其他管路接头都安装在主机后面板上。

3）测试方法

按照标准进行试验。整个试验过程在要求的恒温条件下进行。具体测试步骤如下。

（1）试验样品准备。试验样品应具有代表性，应没有痕迹或可见的缺陷。试验样品一般为圆形，其直径取决于所使用的仪器，每组试验样品至少为 3 个。应在 23 ℃±2 ℃环境下，将试验样品放在干燥器中进行 48 h 以上状态调节或按产品标准规定处理。按照标准的规定测量试验样品厚度，至少测量 5 点，并取算术平均值。

（2）在试验台上涂一层真空油脂，若油脂涂在空穴中的圆盘上，应仔细擦净；若滤纸边缘有油脂，应更换滤纸（化学分析用滤纸，厚度为 0.2～0.3 mm）。

（3）关闭透气室各针阀，开启真空泵。

（4）在试验台中的圆盘上放置滤纸后，放上经状态调节的试验样品。试验样品应保持平整，不得有褶皱。轻轻按压使试验样品与试验台上的真空油脂良好接触。开启低压室针阀，试验样品在真空下应紧密贴合在滤纸上。在上盖的凹槽内放置 O 形圈，盖好上盖并紧固。

（5）打开高压室针阀及隔断阀，开始抽真空直至 27 Pa 以下，并继续脱气 3 h 以上，以排除试验样品所吸附的气体和水蒸气。

（6）关闭隔断阀，打开试验气瓶和气源开关向高压室充试验气体，高压室的气体压力应在 $(1.0\sim1.1)\times10^5$ Pa 范围内。压力过高时，应打开隔断阀排出。

（7）对于携带运算器的仪器，应首先打开主机电源开关及计算机电源开关，通过键盘分别输入各试验台样品的名称、厚度、低压室体积参数和试验气体名称等，准备试验。

（8）关闭高、低压室排气针阀，开始进行透气试验。

（9）为剔除开始试验时的非线性阶段，应进行 10 min 的预透气试验。随后开始正式进行透气试验，记录低压室的压力变化值和试验时间。

（10）继续试验直到在相同的时间间隔内压差的变化保持恒定，实现稳定透过。至少取 3 个连续时间间隔的压差值，求其算术平均值，以此计算该试验样品的气体透过量及透气率。

4）影响气体透过系数的因素

（1）O_2、CO_2、N_2、H_2 等气体的透过系数与压力无关。聚乙烯薄膜、聚氯乙烯薄膜对 N_2 进行试验时，薄膜两侧压力差的大小对气体透过系数、透过量影响很小。

（2）扩散气体的种类、性质。对同一种塑料薄膜，气体分子直径愈大，所需扩散活化能愈大，扩散系数愈小。但当气体的临界温度相当高时，气体透过系数主要取决于溶解度系数。

（3）薄膜性质。

2. 浓度法

目前在用于薄膜透气性检测的浓度法中主要是化学传感器法，它主要用于氧气的透气性检测，在浓度法的试验中，利用试验样品将渗透隔腔隔离成两个独立的气流系统，使用两种气体：一种是标准气体（干燥氮气），另一种是确定透过量的试验气体（纯氧或含氧气体）。试验样品两边压力相等，但氧气分压不同，即对于试验气体，试验样品两边存在一个分压差，而对于总压，试验样品两边是相等的，故这种方法也称等压法（或库仑计检测法、电量分析法）。在氧气浓度差作用下，氧气透过薄膜并被氮气流送至传感器中，由传感器精确测定出氮气流所携带的氧气量，从而测定出材料的氧气透过率。试验时应注意控制试验气体和标准气体的相对湿度，一般纤维素薄膜的透气率受相对湿度影响很大，当相对湿度高于 65%时，透气率迅速增大。

3. 热传导法

热传导法也是目前测定塑料薄膜透气性的一种常用方法，主要利用试验气体透过薄膜后的气体浓度变化引起热敏电阻温度变化并转化为电流信号，从而测定薄膜的透气性。具体测试仪器有一个由双单元系统组成的透气室，其同时可装夹两个试验样品，另外，还包括一个固定金属段及外侧两个可移动金属段，两个可移动金属段在弹簧压力作用下分别与固定金属段紧贴。两个可移动金属段能自由移动，以便插入两个试验样品。试验时，首先使标准气体（如氯气、氢气）通过 A1A2、B1B2 型腔，使两个试验样品达到平衡状态。两个热敏电阻组成一个电桥，用手动方法调整到零位输出。关闭阀门后，打开气体转换开关，使试验气体通过 B2 型腔，通过试验样品的试验气体稀释 B1 型腔中的标准气体。由于热敏电阻温度发生的变化，此混合气体的热传导性能的变化使电桥测量回路失去平衡。当气体透过率稳定时，非平衡电桥中电压的恒定增量显示平衡条件，在与毫伏表连接的记录仪上，显示出具有一个恒定斜率的直线，根据此斜线可计算出气体透过量。

4. 气相色谱法

气相色谱是指以气体为流动相，样品进入进样器后，被载气携带进入填充柱或毛细管色谱柱，利用样品中各组分在色谱柱中的流动相和固定相间分配或吸附系数的差异，在载气的冲洗下，各组分在两相间多次反复分配，并在柱间得到分离，然后利用检测器根据组分的物理化学特征将各组分按顺序检测出来。当组分 A 离开色谱柱的出口进入检测器时，记录仪就记录组分 A 的色谱峰，当组分 B 离开色谱柱进入检测器时，记录仪就记录组分 B 的色谱峰。气相色谱具有高度分离效率，一根 1～2 m 长的填充柱相当于几千个理论塔板。一根 50 m 长的毛细管柱的理论塔板可高达10^5～10^6个，因而可以分析组分并分离复杂的混合物。同时，气相色谱法还具有选择性高、灵敏度高、分析速度快、应用范围广等特点。

气相色谱法在用于检测薄膜透气性时，把透气室的混合气体与标准气体，以一定的速率直接透过气相色谱仪的检测系统，进行分析或用注射器抽出气体样品，再注入气相色谱仪的分析装置中，通过检测分析透过塑料薄膜的气体组分和浓度，即可判断薄膜的透气性。

气相色谱仪是一种多组分混合气体的分离、分析仪器，以惰性气体为流动相，采用色谱柱分析技术。当多种分析物质进入色谱柱时，由于各组分在色谱柱中的分配系数不同，各组分在色谱柱中的流动速度不同，经过一定的柱长后，混合物中的组分分别离开色谱柱进入检测器，经检测后转换为电信号送至数据处理工作站，从而完成对被测物质的检测分析。这种仪器在石油、化工、包装工程、医药卫生、食品工业等领域应用很广，它除了用于定量和定性分析以外，还能测定样品在固定相上的分配系数、活度系数、分子量和比表面积等。这种仪器的基本结构包含三个部分，即分析单元、显示单元和数据处理系统。在分析样品前，先把载气调节到所需的流速，将气化室、色谱柱和检测器分别升到所需的操作温度。被分析样品从取样器进到气化室后，立即被气化并被载气带入色谱柱进行分离。色谱柱（包括固定相）和检定器是气相色谱仪的核心部件。

1）分析单元

分析单元中的气路系统是一个载气连续运行、管路密闭的系统。气路系统的气密性，载气流速的稳定性，以及流量测量的准确性都对色谱实验结果有影响，需要控制。进样系统主要是把气态、液态或固态样品，快速定量地加到色谱柱顶上，进行色谱分离。进样量的大小、时间的长短、试验样品气化速度、试验样品浓度等都会影响色谱分离效率及定量结果的准确性与重复性。

色谱柱是一种内有固定相用于分离混合物的柱管，柱内填充一种固体吸附剂颗粒作为固定相。检测器的主要作用是混合物经过色谱柱分离后，通过色谱仪的检测器，把先后流出的各个组分转变为测量信号(如电流、电压等)，然后进行定性与定量分析。

2）显示单元

显示单元主要包括温度控制系统、放大与记录系统。温度控制系统由色谱柱炉和温度选择这两个模块构成。放大与记录系统则包含放大器和记录器，其中，记录器具备满标量程、全行程时间、阻抗匹配和灵敏度等特性。

3）数据处理系统

计算机数据处理是一种新型的数据处理方法。其工作要点是：先把数据处理程序送入计算机中，然后启动计算机，进样，待色谱峰出来时，通过数据放大器和模数转换装置，把色谱仪输出的模拟量(mV 信号)转换成相应的数字量，再经接口输入计算机，计算机对色谱峰进行自动鉴别、求值和计算。

二、透湿性测试

塑料薄膜透湿性问题是近年来被提到较多的问题，它直接关系到内装物的质量和保存期，所以越来越被人们所重视。在物品包装中，经常涉及防潮和保鲜问题，而防潮和保鲜问题则最终由其外包装材料的性能所决定，这就涉及材料的透湿性问题。如果在保存期内因吸湿而使水分含量增大，则会影响产品的储存质量，因此有必要测试塑料薄膜的透湿性。

(一) 透湿原理

塑料薄膜的透湿原理：在规定的温湿度条件下，试验样品两侧保持一定的水蒸气压差，测量透过试验样品的水蒸气质量，计算水蒸气透过量(WVT)和水蒸气透过系数(PV)。

透湿度：在规定的温湿度条件下，单位时间内透过单位面积试验样品的水蒸气的质量。透湿度取决于材料的厚度、组成及渗透性能，以及测试时的温度和相对湿度，以 $g/(m^2 \cdot 24\ h)$ 表示。

折痕透湿度：在与透湿度相同的试验条件下，折痕试验样品的透湿度与未折痕试验样品透湿度之差，以 24 h 透过 100 m 长试验样品折痕的水蒸气的质量表示[g/(24 h · 100 m)]。

水蒸气透过量：在规定的温度、相对湿度，一定的水蒸气压差和一定厚度的条件下，1 m^2 的试验样品在 24 h 内透过的水蒸气质量。

水蒸气透过系数：在规定的温度、相对湿度的条件下，在单位时间内、单位水蒸气压差下，透过单位厚度、单位面积的塑料薄膜试验样品的水蒸气质量。

(二) 测试方法

塑料薄膜透湿性的测试主要采用调温调湿箱、干燥箱、透湿杯、透湿快速试验机、电量测量透湿杯、气动式蒸气透湿量测定仪等。下面主要介绍透湿杯测试法。

1. 常用设备及材料

采用透湿杯测试法进行塑料薄膜透湿性测试涉及的仪器和材料主要包括：透湿杯、杯环、封蜡定位器、金属压辊、盖子、水浴、裁样板或试验样品切刀、分析天平、封样用蜡、干燥剂、恒温恒湿设备等。

透湿杯：由铝或不锈钢制成，其尺寸应适于在天平上称量。要求重量轻而坚硬，在实验条件下具有耐蚀性。透湿杯上有一个凹槽用于蜡封试验样品，凹槽的结构可以使封样用蜡封住杯口，并且可防止水蒸气从试验样品的边缘泄漏。透湿杯在样品平面以下部分的深度应不低于 15 mm（深杯）或 8 mm（浅杯），在试验样品与干燥剂之间不应有干扰水蒸气流动的障碍。放有干燥剂的杯底的面积应与试验样品暴露的面积相当。每个杯子应标有不同的编号，且对杯的内径有严格要求，为(60.0±0.4) mm，杯的有效测试面积为 0.00283 m^2，其他尺寸的透湿杯也可以使用，但直径不应小于 56.1 mm，且精确度应高于 1%。

杯环：与透湿杯组合使用来密封试验样品，并确保透湿面积准确，其材质和内径与透湿杯的相同。

封蜡定位器：注蜡时用于固定试验样品和杯环，由导正环、杯台和压盖组成。

金属压辊：宽度为 65 mm，质量为 6.5 kg，制作折痕试验样品时用。

盖子：每个盖子的编号应与透湿杯对应，盖子的材质与透湿杯的相同，其边缘应与透湿杯的外壁匹配，盖在透湿杯的上面，保证透湿杯从试验环境中移出称量时，不会有水蒸气损失。

水浴：用于融化蜡。

裁样板或试验样品切刀：用于裁切圆形试验样品，直径应与透湿杯的凹槽直径匹配。

分析天平：要求精度为 0.1 mg，满足试验时的精确称量要求。

封样用蜡：用于密封试验样品，熔点为 50～70 ℃，在 50 cm^2 暴露面积的情况下 24 h 质量变化不大于 1 mg 的工业石蜡或其他蜡。如果蜡中含有微量的水，可将蜡加热到 105～110 ℃以除去水分。

干燥剂：可通过 2.4 mm 的筛孔，但不能通过 0.6 mm 筛孔的无水氯化钙颗粒或在 120 ℃下烘干 3 h 以上，粒径不大于 5 mm 的硅胶。

恒温恒湿设备：温度可精确控制在±1.0 ℃范围内，相对湿度可精确控制在±2%范围内，风速为 0.5～2.5 m/s，关闭设备后应在 15 min 内可再达到规定的温湿度。可使用恒温恒湿箱或盐的饱和溶液来达到所需的温湿度，当使用饱和溶液时，设备内的空气应不停地循环流动。

2. 温湿度处理及试验条件

(1) 备样前建议按照标准的要求对样品进行温湿度处理。

(2) 根据试验目的，可选择以下标准温湿度条件进行试验。

① 条件 A：温度(25±1) ℃，相对湿度(90±2)%。

② 条件 B：温度(38±1) ℃，相对湿度(90±2)%。

③ 条件 C：温度(25±1) ℃，相对湿度(75±2)%。

④ 条件 D：温度(23±1) ℃，相对湿度(85±2)%。

⑤ 条件 E：温度(20±1) ℃，相对湿度(85±2)%。

以上试验条件中条件 A 和条件 B 可以通过使用硝酸钾饱和溶液来达到，条件 C 可以通过使用氯化钠饱和溶液来达到，条件 D 和条件 E 可以通过使用氯化钾饱和溶液来达到。

注意，当使用饱和溶液时，用于测量相对湿度的传感器会受到盐雾的影响，因此需有相应的保护措施。

3. 主要试验步骤

（1）试验样品制备。避开皱折、破损等部位，用裁样板或试验样品切刀沿纸幅横向均匀切取直径为 64 mm 的试验样品 3 片。若测折痕透湿度，在已取试验样品纵向相邻部位再切取 3 片试验样品。对所取试验样品在非试验区域标出正、反面。如果材料有吸湿性或需要更高的试验准确度，应至少准备两个空白试验样品。

折痕试验样品的制备：将所取的 3 片做折痕透湿度的试验样品分别对折后用塑料直尺轻轻压出折痕，放在平整的玻璃板上，用质量为 6.5 kg 的金属压辊来回滚压一次（滚压时折线与压辊的轴向平行），压后展开试验样品用压辊压平折痕。用同样的方法在与第一条折痕垂直的方向折第二条折痕（注意两次对折时应朝向试验样品的不同侧），即制成带折痕的样品。

（2）在透湿杯内加入干燥剂，轻轻拍打使干燥剂表面平坦，且与试验样品下表面保持 3 mm 左右的距离。将透湿杯放在杯台的圆槽中，然后在使用时将试验样品朝向干燥的面朝下放在杯口上。将杯环对着杯口放在试验样品之上，再放置导正环，加上压盖，使试验样品定位。制作空白试验样品时，杯中不需要加入干燥剂。小心取下导正环，避免杯环和试验样品移动。用水浴加热封样用蜡到 90～100 ℃，使之融化。然后将石蜡缓缓倒入透湿杯的蜡槽里，合格的封蜡在冷却后表面呈弯月状，如果有气泡或轻微裂纹，可用热刮刀修整。若融蜡的温度过高，可能造成较多的气泡或裂纹，应放弃该试验样品。

（3）把封好试验样品的透湿杯并用相同编号的盖子盖好后在天平上称量，精确至0.1 mg。

（4）取下盖子，将透湿杯放入所选择的温湿度条件中进行预处理 2 h。

（5）将透湿杯从恒温恒湿设备中取出，盖上对应的盖子，在天平附近放置 15 min 后开始称量，精确到 0.1 mg。全部称量完毕后取下盖子，立即放回恒湿恒温设备内，达到试验规定的温湿度条件时开始计时。也可以在不盖盖子的情况下称量，此时要使用空白试验样品，而且必须在有干燥剂的封闭容器中移送和冷却透湿杯。注意，操作要迅速，每次从恒温恒湿设备中取出的数量应相同，这样总称量时间大致相同（不超过 30 min）。

（6）每经过一定的时间间隔称量一次透湿杯（重复上一个步骤的操作），直到相邻两次称量的透湿杯质量增加量在 5％以内变化时终止试验。以这两个试验周期的质量变化计算透湿度。每次称量应在相同的大气条件下进行，且各透湿杯的称量顺序应先后一致。两次称量时间间隔一般为 24 h，也可以是 48 h、96 h，对于透湿度过大的试验样品，还可选用 4 h、8 h、12 h，但相邻两次称量的透湿杯质量增加量不应小于 5 mg。称量间隔时间的选择取决于被测试薄页材料的透湿度，在连续两次称量中其增量最小应为 5 mg。称量间隔时间在试验开始时就应确定。如果第一次称量的增加量太大或太小，则其后的称量间隔时间应做调整。

（7）当试验样品的透湿度高于 50 g/(m^2 · 24 h)时，可以采用第一个试验周期的质量增加量计算透湿度。

（8）对于透湿度极小的试验样品，最初几天质量可能无变化，此时应延长试验周期至质量增加时开始计时，若 7 天内透湿杯质量没有增加，可终止试验并报告该试验样品不透湿。

（9）全部试验结束前干燥剂的质量增加量应控制在无水氯化钙不大于 10％，硅胶不大于 4％。

（10）如果试验样品透湿度很小且厚度很大，如橡胶、塑料或聚乙烯涂覆板，或者吸湿度很大，可在制备 3 个正常试验透湿杯的同时，不加干燥剂以相同方法制备两个或两个以上的空白透湿试验样品，同时进行试验。所有间隔时间内测得的正常透湿试验质量增加量要用经过同样处理条件的空白透湿试验样品的平均质量增加量来修正。

4. 试验结果的计算与表示

1）试验结果的计算

（1）透湿度的计算。

将每个透湿杯的质量总增量表示为总处理时间的函数，当试验的 3 个点或 4 个点呈一直线时，即试验完成，表示水蒸气的透过速度恒定。根据该直线，得出透湿杯质量增加速度，用式(4-6)计算出每个透湿杯中试验样品的透湿度。

$$P=\frac{24m}{S} \tag{4-6}$$

式中：P——透湿度，单位为克每平方米 24 小时[$g/(m^2 \cdot 24\ h)$]；

m——透湿杯质量增加速度，单位为克每小时(g/h)；

S——试验样品的测试面积，单位为平方米(m^2)。

如果在相同的时间间隔称量，每个试验样品的透湿度可由结果直接计算，不需要作图，按式(4-7)计算。

$$P=\frac{24w}{S\times t} \tag{4-7}$$

式中：w——在时间 t 内透湿杯的质量增加量，单位为克(g)；

S——试验样品的测试面积，单位为平方米(m^2)；

t——最后两个试验周期的总时间，单位为小时(h)。

（2）折痕透湿度的计算。

折痕透湿度按式(4-8)计算。

$$\mathrm{CP}=\frac{2400\times(w_2-w_1)}{2D\times t} \tag{4-8}$$

式中：CP——折痕透湿度，单位为克每 24 小时 100 米[$g/(24\ h \cdot 100\ m)$]；

w_2——未折痕试验样品透湿杯质量增加量，单位为克(g)；

w_1——折痕试验样品透湿杯质量增加量，单位为克(g)；

D——透湿杯的有效直径，单位为米(m)；

t——最后两个试验周期的总时间，单位为小时(h)。

2）试验结果的表示

对试验样品进行单面测试，报告其算术平均值。如果测试两面，分别报告两面的平均值。透湿度以 $g/(m^2 \cdot 24\ h)$ 表示，折痕透湿度以 $g/(24\ h \cdot 100\ m)$ 表示，结果修约至两位有效数字。

三、拉伸强度测试

拉伸强度是材料重要的性能指标，塑料薄膜作为常见的包装材料，其在受到外界拉伸力的作用下，会发生变形，达到一定程度时会发生撕裂，塑料薄膜的拉伸强度直接关系到包装的可靠性。拉伸强度是塑料薄膜重要的性能指标，因此有必要开展塑料薄膜拉伸强度测试。

（一）试验原理

塑料薄膜拉伸强度的试验原理：沿塑料薄膜标准试验样品纵向主轴方向恒速拉伸，直到试验样品断裂或其应力（负荷）或应变（伸长）达到某一预定值，测量在这一过程中试验样品承受的负荷及其伸长量。试验样品破坏时所需要的最大拉伸应力就是拉伸强度，试验样品拉伸长度的变化用断裂伸长率表示。

拉伸应变应力：在应变达到规定值（x%）时的拉伸应力，以兆帕（MPa）为单位。

拉伸断裂应力：试验样品破坏时的拉伸应力，以兆帕（MPa）为单位。

拉伸应变：原始标距单位长度的增量，以无量纲的比值或百分数（%）表示。

拉伸屈服应变：拉伸试验中初次出现应力不增加而应变增加时的应变，以无量纲的比值或百分数（%）表示。

（二）测试方法

按照标准进行试验。本标准用于研究试验样品的拉伸性能及在规定条件下测定拉伸强度、拉伸模量和其他方面的拉伸应力/应变关系。

1. 常用设备及工具

（1）试验机。试验机应符合标准的相关规定，可选用电子万能试验机，它适用于纸张、塑料薄膜、复合薄膜、复合非金属材料的拉伸强度试验。试验机应达到的试验速度如表 4-3 所示。

表 4-3　试验机应达到的试验速度

试验速度/（mm/min）	允差/（%）
0.125	±20
0.25	
0.5	
1	
2	
5	
10	
20	±10
50	
100	
200	
300	
500	

（2）夹具。夹具用于夹持试验样品，与试验机相连，使试验样品的主轴方向与通过夹具中心线的拉力方向重合。以这种方式夹持试验样品是为了防止被夹试验样品相对夹具口滑动。

夹具不会导致夹具口处试验样品过早被破坏或被挤压。例如,在拉伸模量的测定中,应变速率保持恒定是很重要的,不能因夹具的移动而改变,特别是在使用楔形夹具时。

(3) 负荷指示装置。负荷指示装置包括引伸计、应变计等。

引伸计应符合标准规定的1级引伸计的要求。也可用非接触式引伸计,但要确保其满足相同的精度要求。引伸计应可测量试验过程中任何时刻试验样品标距的变化,最好(但不是必须)能自动记录变化,且在规定的试验速度下应基本无惯性滞后。在精确测定拉伸模量时,设备应能以相关值的1%或更优精度测量标距的变化。当使用1A型试验样品时,75 mm标距对应的绝对精度为±1.5 μm。标距越小对引伸计的要求越高。

常用光学引伸计记录宽试验样品表面发生的形变:单面应变测试方法确保低应变不会受到试验样品微小的错位、初始翘曲和在试验样品的相对面产生不同应变弯曲的影响。推荐使用平均化试验样品相对面应变的测量方法。这与模量测定有关,但不适用于较大应变的测量。

(4) 试验样品宽度、厚度测量设备。

2. 试验条件

(1) 试验环境,一般情况下应在与试验样品调节的相同环境中进行试验。

(2) 试验样品形状和尺寸,应优先选用宽度为10~25 mm、长度不小于150 mm的长条试验样品(即2型试验样品,见图4-1),试验样品中部应有间隔为50 mm的两条平行标线。

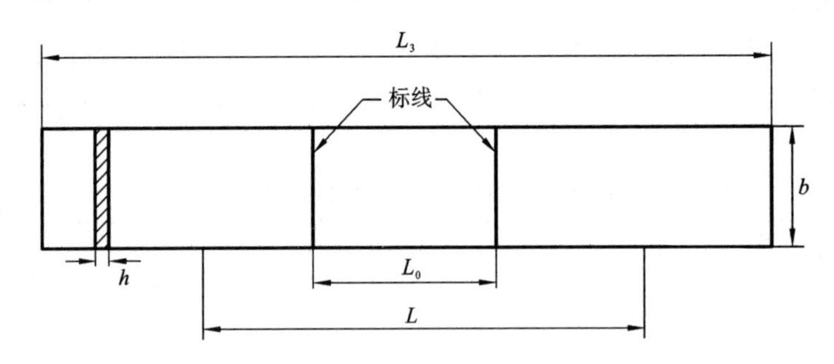

图4-1 2型试验样品

b ——宽度:10~25 mm;h ——厚度:≤1 mm;L_0——标距长度:50 mm±0.5 mm;

L ——夹具间的初始距离:100 mm±5 mm;L_3——总长度:≥150 mm

有些薄膜材料断裂时有很大的伸长量,可能超过试验机的行程限度,此时,允许把夹具间的初始距离减小到50 mm。

当受试材料规范或常规质量控制试验有规定时,可使用图4-2、图4-3和图4-4分别所示形状和尺寸的5型、1B型和4型试验样品。

5型试验样品推荐用于断裂应变很大的薄膜和薄片。

1B型试验样品推荐用于硬质片材。

4型试验样品推荐用于其他类型的软质热塑性片材。

(3) 试验样品数量,每个受试方向的试验样品数量应最少5个。如果需要精密度更高的平均值,试验样品数量可多于5个。应废弃在夹具内断裂或打滑的哑铃形试验样品并另取试验样品重新试验。

(4) 试验速度,应根据有关材料的相关标准确定试验速度,测定拉伸模量时,选择的试验速度应尽可能使应变速率接近每分钟1%标距。测定拉伸模量、屈服点前的应力/应变曲线及屈服后的性能时,可能需要采用不同的试验速度。在拉伸模量(达到应变为0.25%)的测定应

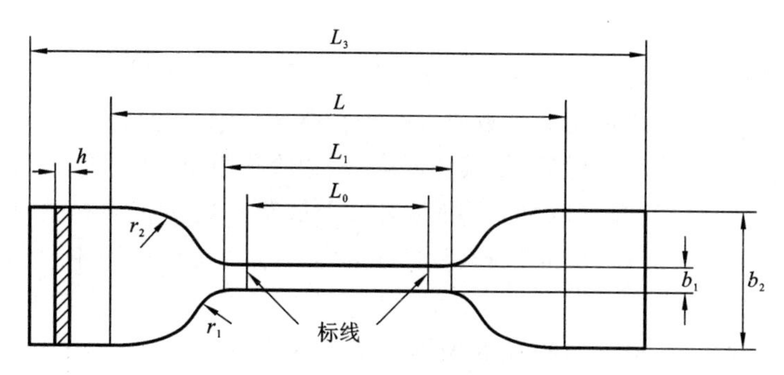

图 4-2　5 **型试验样品**

b_1——窄平行部分宽度:6 mm±0.4 mm;b_2——端部宽度:25 mm±1mm;h——厚度:≤1 mm;
L_0——标距长度:25 mm±0.25 mm;L_1——窄平行部分长度:33 mm±2 mm;
L——夹具间的初始距离:80 mm±5 mm;L_3——总长:≥115 mm;
r_1——小半径:14 mm±1 mm;r_2——大半径:25 mm±2 mm

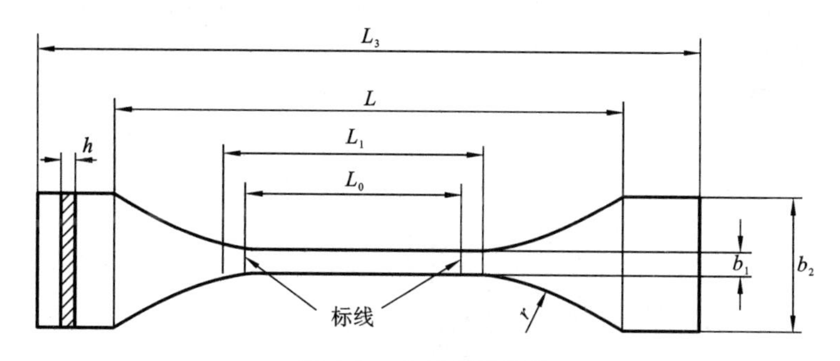

图 4-3　1B **型试验样品**

b_1——窄平行部分宽度:10 mm±0.2 mm;b_2——端部宽度:20 mm±0.5 mm;h——厚度:≤1 mm;
L_0——标距长度:50 mm±0.5 mm;L_1——窄平行部分长度:60 mm±0.5 mm;
L——夹具间的初始距离:115 mm±5 mm;L_3——总长:≥150 mm;
r——半径:≥60 mm,推荐半径为 60 mm±0.5 mm

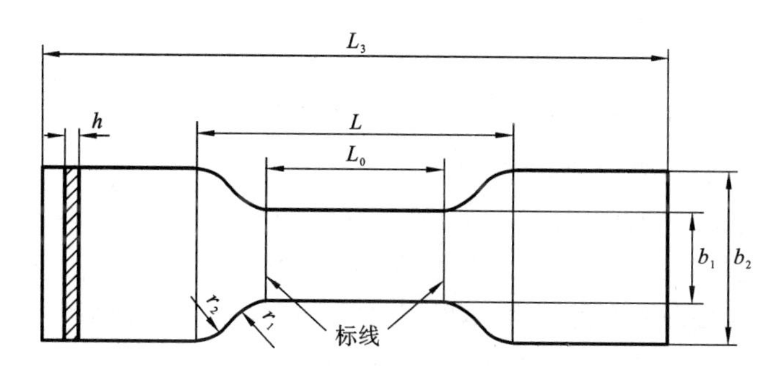

图 4-4　4 **型试验样品**

b_1——窄平行部分宽度:25.4 mm±0.1 mm;b_2——端部宽度:38 mm;h——厚度:≤1 mm;
L_0——标距长度:50 mm±0.5 mm;L——夹具间的初始距离:98 mm;L_3——总长:152 mm;
r_1——小半径:22 mm;r_2——大半径:25.4 mm

力之后,同一试验样品可继续用于测试。推荐在进行不同速度试验前卸掉试验样品载荷,也可在拉伸模量测定完后不卸掉载荷而改变试验速度。在测试中改变试验速度时,确保试验速度变化发生在应变不大于 0.3%以内。对于其他测试,对不同试验样品使用不同试验速度。

3. 主要试验步骤

(1) 试验样品制备，应使用切割或冲切方法制备符合形状和尺寸要求的试验样品，并使试验样品边缘光滑且无缺口，可使用低倍数放大镜检查有无缺陷。应使用剃刀刀片、适宜的切纸刀、手术刀或其他工具切割试验样品，使其宽度合适、边缘平整、两边平行且无可见缺陷。

(2) 按照标准的规定测量试验样品厚度，对每个试验样品在标线内测量三个点的厚度，取算术平均值，精确到 1 μm。在试验样品平行部分作标线，此标线不应该对测试结果有影响。

(3) 夹持试验样品，应使试验样品的纵轴与试验机的上、下夹具中心连线重合，并且松紧合适。

(4) 按规定速度(250±50) mm/min 开动试验机进行拉伸试验。

(5) 试验样品断裂后，读取载荷和标线间距的伸长量。如果试验样品在标线之外的某部位断裂，应取新试验样品重做试验。

(6) 测量弹性模量时，应安装、调整测量变形记录仪，记录载荷和变形量。计算拉伸强度、断裂伸长率和弹性模量。

4. 结果计算和表示

(1) 应力计算。

按式(4-9)计算应力：

$$\sigma=\frac{F}{A} \tag{4-9}$$

式中：σ ——应力，单位为兆帕(MPa)；

F——所测负荷，单位为牛(N)；

A——试验样品原始横截面积，单位为平方毫米(mm^2)。

(2) 应变计算。

引伸计测定应变，对于不同材料或测试条件，试验样品的平行部分普遍存在相同的应变分布，例如在屈服前和到达屈服点的应变，用式(4-10)计算应变：

$$\varepsilon=\frac{\Delta L_0}{L_0} \tag{4-10}$$

式中：ε ——应变，用无量纲的比值或百分数(%)表示；

L_0——试验样品的标距长度，单位为毫米(mm)；

ΔL_0——试验样品标距间长度的增量，单位为毫米(mm)。

只要标距内试验样品的形变是相同的，就可使用引伸计平均整个标距的应变来测定应变。如果材料开始颈缩，应变分布变得不均匀，使用引伸计测定应变会受到颈缩区域位置和大小的严重影响。在此情况下，使用标称应变来描述屈服点后应变的演变。

当未使用引伸计时用标称应变。例如，使用小型试验样品或在屈服点后由于区域化(颈缩)引伸计测定应变失效时。标称应变是相对于初始标距的夹具距离增加量，它记录横梁的位移而不是测量夹具间的位移。可通过记录横梁的位移来替代测量夹具间的位移。横梁的位移应按照机器柔度的影响来修正。

可按下面两种方法来测定标称应变。

(1) 记录从试验开始时机器夹具间的位移，由式(4-11)计算标称应变：

$$\varepsilon_t=L_t/L \tag{4-11}$$

式中：ε_t——应变，用无量纲的比值或百分数（%）表示；

L——夹具间的初始距离，单位为毫米（mm）；

L_t——试验时夹具间的初始距离的增加量，单位为毫米（mm）。

（2）有屈服和颈缩的多用途试验样品优选本方法，但其屈服应变已用引伸计精确测定。本方法为记录从试验开始时机器夹具间的位移，由式（4-12）计算标称应变：

$$\varepsilon_t=\varepsilon_y+\Delta L_t/L \tag{4-12}$$

式中：ε_t——标称应变，用无量纲的比值或百分数（%）表示；

ε_y——屈服应变，用无量纲的比值或百分数（%）表示；

L——夹具间的初始距离，单位为毫米（mm）；

ΔL_t——屈服点之后夹具间的初始距离的增加量，单位为毫米（mm）。

四、直角撕裂强度测试

（一）试验原理

塑料薄膜试验样品在受到拉伸的过程中，最薄弱的部位是直角口处。如果逐渐增大拉伸载荷，塑料薄膜必然从直角口处开始断裂，沿与拉伸载荷垂直方向逐点断裂，直至试验样品撕裂。塑料薄膜直角撕裂强度是关系到包装可靠性的重要指标，因此有必要开展此方面的测试。

（二）测试方法

用专用刀具分别沿纵、横向切取试验样品 10 条，要求试验样品直角口处无裂缝及伤痕，并在标准环境中处理至平衡。试验设备可选用电子万能试验机，它适用于纸张、塑料薄膜、复合薄膜、复合非金属材料的拉伸强度试验。

具体测试方法包括以下几点。

（1）按照标准的规定测量试验样品厚度，对每个试验样品在标线内测量三个点的厚度，取算术平均值，精确到 1 mm。

（2）将试验样品夹持于上、下夹具之间。

（3）以 200 mm/min 的速度对试验样品进行拉伸，直至试验样品拉断，裂口应在直角口处。

（4）记录试验样品断裂时的最大拉伸载荷，计算直角撕裂强度。

第三节　缓冲包装材料测试

缓冲包装又称防震包装，在各种包装方法中占有重要地位，产品从生产出来到开始使用要经历一系列运输、保管、堆码和装卸过程，置于一定的环境之中，为防止产品遭到破坏，就要减小产品受外力的影响。所谓缓冲包装材料，就是指为减少内装物受到的冲击和震动，保护其免受破坏所采用的一类包装材料。缓冲包装材料是缓冲包装件的介质层，能够吸收冲击和震动的能量，具有抑制冲击和震动作用。缓冲包装材料种类繁多，在易碎物品包装、精密仪器包装及对冲击比较敏感的危险品包装运输方面应用较多。本节主要介绍缓冲包装材料的性能测试，包括静态压缩特性测试、动态缓冲特性测试、蠕变特性测试和振动传递特性测试。

一、静态压缩特性测试

缓冲包装材料静态压缩特性直接关系到在静载荷作用下缓冲包装材料的缓冲性能及其在流通过程中对内装产品的保护能力，是缓冲包装材料最重要的性能指标之一。

（一）试验原理

缓冲包装材料的静态压缩试验采用在缓冲包装材料上低速施加压缩载荷的方法来求得缓冲包装材料的静态压缩特性及其曲线。通过静态压缩试验，首先得到缓冲包装材料的应力-应变曲线，计算出单位体积变形能、缓冲系数，从而得到缓冲系数-应变曲线、缓冲系数-变形能曲线，再从变形能角度评价缓冲包装材料的静态缓冲特性。

厚度减少率：重复短时间施加压缩载荷导致试验样品厚度减少的百分比。

静态压缩残余应变：施加应力一定时间后去除载荷的状态，以厚度减少率表示。

（二）测试方法

按照标准进行试验。本标准适用于评定在静载荷作用下缓冲包装材料的缓冲性能及其在流通过程中对内装产品的保护能力，缓冲包装材料可以是块状、片状、丝状、粒状以及成型件等形式的可发性聚苯乙烯（EPS）、可发性聚乙烯（EPE）等软质、硬质缓冲材料，不适用于瓦楞纸板、EPE 膜、金属弹簧及防震橡胶等。

1. 试验设备

包装用缓冲材料静态压缩试验主要用到的设备是压力试验机。

缓冲包装材料静态压缩试验要求试验机有可调节压力载荷的试验压板，同时试验机的底座应具有足够的刚度，试验时压力试验机以（2±3） mm/min 的压缩速度对试验样品施加压缩载荷，若对丝状和粒状缓冲包装材料进行试验，还需要使用压缩箱。压力试验机采用电机驱动、机械传动和液压传动，上压板以（2±3） mm/min 的速度匀速移动，对试验样品施加压缩力。压板应平整、坚硬，最高点与最低点的高度差应不大于 1 mm。在整个试验过程中，上、下压板必须保持水平，其水平倾斜度应在 2%以内。压力试验机应配有数据显示和记录装置，所记录的载荷误差不得超过施加载荷的±2%。

2. 试验条件

（1）试验环境。试验应在与预处理相同的温湿度条件下进行，如果达不到相同条件，应在尽可能相同的条件下进行。

（2）试验样品的选取及尺寸要求。试验样品应在放置 24 h 以上的成品中随机抽取，当其尺寸不能达到规定的要求时，允许在与生产条件相同的条件下专门制造试验样品。试验样品为规则的直方体形状。上、下底面积至少为 100 mm×100 mm，如果条件允许，建议选取上、下底面积为 200 mm× 200 mm 的试验样品，试验样品的厚度应不小于 25 mm。若缓冲包装材料的厚度小于 25 mm，可将两层或多层叠置以达到所需厚度。当试验材料为细片状、颗粒状时，可利用压缩箱进行试验。

试验样品的数量一般根据试验结果要求的准确度和试验样品材料来选定，一组试验样品的数量应不少于 3 件。

(3) 试验样品长度和宽度测量。测量试验样品的长度和宽度时,分别沿试验样品的长度和宽度方向,用最小分度值不大于 0.05 mm 的量具测量两端及中间三个位置的尺寸,分别求出平均值,并精确到 0.1 mm。测量试验样品厚度时,需在试验样品表面上放置一块平整的刚性平板,使试验样品受到(0.20±0.02) kPa 的压缩载荷。30 s 后,在载荷状态下用精度不低于 0.05 mm 的量具测量试验样品四个角的厚度,求出平均值,并精确到 0.1 mm。测定丝状、粒状试验样品的厚度时,可采用压缩箱进行测量。试验样品的质量用精度为 0.01 g 的天平称量,并记录该测量值,并计算其密度。

试验之前,应按标准选定一种条件,并对所有试验样品进行 24 h 以上的温湿度调节处理。试验应在与调节处理时相同的温湿度条件下进行。如果达不到相同条件,则必须在试验样品离开调节处理条件 5 min 内开始试验。

3. 主要试验步骤

试验前按照相关标准的规定,选取试验条件对试验样品进行 24 h 以上的预处理,静态压缩试验应在与预处理相同的温湿度条件下进行。

然后根据是否对试验样品进行预压缩处理,静态压缩试验分为 A 法试验和 B 法试验。

1) A 法试验

试验前,对试验样品进行厚度测量,作为试验的原始厚度,压板以(12±3) mm/min 的速度沿厚度方向对试验样品逐渐增加载荷,压缩过程中同时记录压缩力及相应的变形,对应于载荷的应变则以自动记录装置记录或测出至少 10 点以上的记录来绘制压缩应力-压缩应变曲线。当压缩载荷急剧增加时停止试验。卸去载荷 3 min 后按规定的方法测量试验样品的厚度,作为试验样品经试验后的厚度。

2) B 法试验

需对试验样品进行预压缩。试验前,对试验样品进行厚度测量,作为试验的原始厚度。以试验样品厚度 20%的变形载荷量反复压缩试验样品 10 次。卸去载荷 30 min 后按规定方法测量试验样品的厚度,作为试验样品的预压缩厚度,以此时作为压缩试验的变形原点,预压缩处理后的试验步骤与 A 法试验的相同。

4. 结果计算与表示

1) 压缩应力

压缩应力的计算见式(4-13):

$$\sigma=\frac{P}{A}\times 10^{6} \tag{4-13}$$

式中:σ ——压缩应力,单位为帕(Pa);

P——压缩载荷,单位为牛顿(N);

A——试验样品承载面积,单位为平方毫米(mm^2)。

2) 压缩应变

A 法压缩应变的计算见式(4-14):

$$\varepsilon_a=\frac{T-T_j}{T} \tag{4-14}$$

式中:ε_a——A 法试验时的压缩应变,%;

T——试验样品原始厚度,单位为毫米(mm);

T_j——试验样品试验后的厚度,单位为毫米(mm)。

B法压缩应变的计算见式(4-15)：

$$\varepsilon_b=\frac{T_p-T_j}{T_p} \tag{4-15}$$

式中：ε_b——B法试验时的压缩应变，%；

T_p——试验样品预压缩后的厚度，单位为毫米(mm)；

T_j——试验样品试验后的厚度，单位为毫米(mm)。

二、动态缓冲特性测试

缓冲包装材料的动态压缩试验是指用自由跌落的重锤对缓冲包装材料施加冲击载荷，模拟装卸过程中缓冲包装材料受到的冲击作用，求得缓冲包装材料的动态缓冲特性及其曲线，如最大加速度-静应力曲线、缓冲系数-最大应力曲线，这些数据和曲线可用于缓冲包装设计。

动态缓冲特性是指从预定高度自由跌落的重锤对缓冲包装材料施加冲击载荷时重锤所承受的最大加速度，一般采用重力加速度的倍数来表示。在缓冲包装材料受到重锤的跌落冲击过程中，如果忽略以热能形式耗散的很小一部分机械能，认为机械能守恒，则当缓冲包装材料的变形量或应变达到最大时，重锤在跌落高度 H 处所具有的重力势能就等于缓冲包装材料的变形能 E。

(一) 试验原理

缓冲包装材料的动态缓冲特性测试系统由缓冲试验机、数据采集与处理系统两部分组成。缓冲试验机由铸铁底座、导柱、冲击台、重锤(可用砝码调节重量)、提升装置、释放装置、制动装置等组成。冲击台面应平整，具有足够的刚度，其尺寸应大于被测试验样品的尺寸，在冲击过程中不能因其自身的振动而使测试波形发生畸变。冲击台面应与铸铁底座平行。铸铁底座应有足够的刚度，其质量应不小于冲击台最大质量的50倍。通过数据采集与处理系统，可以实现对各种曲线(冲击加速度-时间曲线、最大加速度-静应力曲线、缓冲系数-最大应力曲线、动态应力-应变曲线等)的绘制以及各类数据文件的管理等。

该测试系统的工作原理是：试验样品放置在底座的中央，滑台上固定砝码和压电加速度计，提升装置用挂钩提起滑台，至预定高度时，释放装置使挂钩脱开滑台。滑台沿导轨自由落下，冲击试验样品。加速度传感器首先采集试验样品受到跌落冲击时传递给重锤的冲击加速度信号，该信号经过压电加速度计转换成电荷量送入电荷放大器，电荷放大器的输出电压(模拟量)经模数(A/D)转换器转化为数字信号，存储到计算机的存储器中，由计算机软件处理，显示加速度-时间曲线。电荷放大器设有几种截止频率的模拟低通滤波器，以保证送入A/D转换器的信号满足采样定理的要求。由于冲击台与导柱之间存在摩擦，实际冲击初速度和理论冲击初速度会存在误差。为保证该误差不超过国家标准要求的±2%，系统中安装了光电测速装置，在每次试验时，首先测定重锤的冲击初速度。若速度误差大于允许值，则需要调整重锤的跌落高度，保证实际冲击初速度等于理论冲击初速度。由于在数据采集过程中，不可避免地存在各种干扰信号，故该测试系统中除了设有电荷放大器自身的二阶低通滤波器以外，还设有两级数据滤波程序。一级滤波是“程序限幅滤波”。若相邻两次采样的信号幅值变化差值大于某一定值，则表明被测信号已受到较大幅度的随机干扰，可采用一定的程序算法来“过滤”这种随机干扰，二级滤波是平均值滤波。

重锤从预定跌落高度自由冲击缓冲包装材料，通过固定在重锤上的加速度计获得冲击加速度-时间曲线、冲击波形、冲击持续时间及最大加速度。在不改变缓冲包装材料厚度和跌落高度的情况下，只改变重锤重量，会得到一系列最大加速度和静应力。以静应力为横坐标、最大加速度为纵坐标，可得到缓冲包装材料的一条最大加速度-静应力曲线。若保持跌落高度不变，仅改变缓冲包装材料的厚度，可得到以厚度为变量的最大加速度-静应力曲线簇。若缓冲包装材料的厚度保持不变，只改变跌落高度和重锤重量，则得到以跌落高度为变量的最大加速度-静应力曲线。

（二）影响缓冲系数的因素

1. 压缩速度

绝大多数缓冲包装材料并不是完全的线弹性材料，在产生弹性力的同时，还伴随着阻力，如因材料内部存在细小的气孔以及塑性变形等，而产生的阻碍弹性变形的力。一般情况下，这种源于材料内部的非弹性阻力的大小与材料的变形速度成正比，即压缩速度越大，非弹性阻力也越大。动态压缩试验的加载速度大，缓冲包装材料的变形速度是静态压缩试验时的万倍以上，故材料内部产生的非弹性阻力也急剧增大，消耗更多的冲击能量，由此得到的缓冲系数会有一定的差异。

2. 温度

缓冲包装材料的应力-应变曲线与温度有关，温度不同时，材料的应力-应变曲线也有变化，必然影响缓冲特性及其曲线。对于泡沫塑料类缓冲包装材料，随着温度的升高，缓冲系数的最小值也增大。

3. 预应力

试验样品在试验之前的预压缩处理，对缓冲包装材料的尺寸以及应力-应变曲线、缓冲特性曲线都有影响。一般情况下，材料在预压缩处理前后的缓冲系数的最小值会增大。

（三）测试方法

按照标准进行试验。本标准适用于评定缓冲包装材料在冲击作用下的缓冲性能及其在流通过程中对内装产品的保护能力，缓冲包装材料可以是块状、片状、丝状、粒状以及成型件等形式的 EPS、EPE 等软质、硬质缓冲材料，不适用于瓦楞纸板、EPE 膜、金属弹簧及防震橡胶等。

1. 试验设备

动态压缩试验常用的设备有试验机和测试系统。

试验机应具有一个可自由跌落的重锤和一个较大质量的底座，其中重锤应附有加速度传感器，同时具有平整的且能够完全覆盖被试验样品的冲击面，重锤质量可以调节，如果重锤由多个质量块组成，应将其固定为一个整体。重锤还应坚硬，并且有足够的刚度，以保证在冲击过程中不因重锤自身的振动而使测试波形发生畸变。重锤的冲击面应与试验机的底座面平行，并以规定的速度冲击试验样品，冲击速度误差应不超过±2%。同时，重锤应能以不小于 1 min 的间隔进行连续的冲击。

试验机的底座应具有足够的刚度，最大重锤的冲击面应小于试验机的底座面，试验机的底座质量至少为最大重锤质量的 50 倍。若试验机的底座质量小于最大重锤质量的 50 倍，重锤的宽度、高度应小于底座长度的一半。

测试系统包括加速度传感器、放大器、显示或记录装置等。测试系统应具有足够的频率响应，在测量范围内，测试系统的精度应在±5%以内。

2. 试验条件

试验样品应在放置 24 h 以上的成品中随机抽取，当其尺寸不能达到规定的要求时，允许在与生产条件相同的条件下专门制造试验样品。

试验样品为规则的直方体形状。上、下底面积至少为 100 mm×100 mm，如果条件允许，建议选取上、下底面积为 200 mm×200 mm 的试验样品，一般情况下，试验样品的厚度应不小于 25 mm（当厚度小于 25 mm 时允许叠放使用）。其数量一般根据试验结果要求的准确度和试验样品材料来选定。一组试验样品的数量应不少于 3 件。

分别沿试验样品的长度和宽度方向，用最小分度值不大于 0.05 mm 的量具测量两端及中间三个位置的尺寸，分别求出平均值，并精确到 0.1 mm。在试验样品的上表面放置一块刚性平板，使试验样品受到(0.20±0.02) kPa 的压缩载荷。30 s 后在载荷状态下，用最小分度值不大于 0.05 mm 的量具测量四角的厚度，求出平均值，并精确到 0.1 mm。

针对试验样品的密度的测量，通常用感量为 0.01 g 以上的天平称量试验样品的质量，并记录该测量值。

按式(4-16)计算试验样品的密度：

$$\rho=\frac{m}{L_1\times L_2\times T} \tag{4-16}$$

式中：ρ——试验样品的密度，单位为克每立方毫米(g/mm^3)；

m——试验样品的质量，单位为毫米(mm)；

L_1——试验样品的长度，单位为毫米(mm)；

L_2——试验样品的宽度，单位为毫米(mm)；

T——试验样品的厚度，单位为毫米(mm)。

试验应在与预处理相同的温湿度条件下进行。如果达不到相同的条件，则试验应在尽可能相同的条件下进行。

3. 主要试验步骤

试验前按照相关标准的规定，选取试验条件，对试验样品进行 24 h 以上的预处理，预处理环境条件宜为：温度 23 ℃±2 ℃，相对湿度 50%±10%。动态缓冲特性测试应在与预处理相同的温湿度条件下进行。主要步骤如下。

(1) 试验前，对试验样品的厚度进行测量，作为动态压缩试验的原始厚度 T。

(2) 将试验样品放置在试验机的底座上，使其中心与重锤的中心在同一垂线上。适当地固定试验样品，固定时应不使试验样品产生变形。

(3) 试验时应使试验机的重锤从预定的跌落高度冲击试验样品，连续冲击 5 次，每次冲击脉冲的间隔不少于 1 min，记录每次冲击的加速度-时间历程。若要求在特定条件下进行试验，应确保每次冲击时的试验条件满足特定条件。试验过程中，如果未达到 5 次冲击就已确认试验样品损坏或丧失缓冲能力，则中断试验。

(4) 冲击试验结束 3 min 后，测量试验样品的厚度，作为动态压缩试验后的厚度T_a。

按照同样的方法对组内的其余试验样品进行冲击试验。

4. 结果计算

1）末速度和跌落高度

末速度和跌落高度的计算见式(4-17)：

$$\begin{cases} h=\dfrac{V_i^2}{2g} \\ V_i=\sqrt{2gh} \end{cases} \tag{4-17}$$

式中：V_i——重锤冲击的末速度，单位为米每秒(m/s)；

h——重锤跌落高度，单位为米(m)；

g——重力加速度，单位为米每二次方秒(m/s^2)。

2）最大加速度

最大加速度取 5 次连续冲击中后 4 次的最大加速度的平均值。

3）静应力

静应力的计算见式(4-18)：

$$\sigma_{st}=\frac{Mg}{A}\times 10^6 \tag{4-18}$$

式中：σ_{st}——静应力，单位为帕(Pa)；

M——重锤的质量(重锤质量应精确到 30 g)，单位为千克(kg)；

g——重力加速度，单位为米每二次方秒(m/s^2)；

A——试验样品受冲击的表面面积(应精确到 1 mm^2)，单位为平方毫米(mm^2)。

4）动态压缩残余应变

动态压缩残余应变计算见式(4-19)：

$$\varepsilon=\frac{T-T_d}{T}\times 100\% \tag{4-19}$$

式中：T——试验样品的原始厚度，单位为毫米(mm)；

T_d——试验样品动态压缩试验后的厚度，单位为毫米(mm)。

三、蠕变特性测试

固体材料在保持应力不变条件下，应变随时间延长而增加的现象称为蠕变。它与塑性变形不同，塑性变形通常在应力超过弹性极限后才出现，而蠕变只要应力作用的时间相当长，在应力小于弹性极限施加力时也能出现。许多材料在一定的条件下都表现出蠕变特性。绝大多数缓冲包装材料属于非线性弹性材料，同时具有弹性、黏性和塑性等力学特性，特别是纸类、泡沫类缓冲包装材料。在流通过程中，由于运输包装件的堆码和储存，这些材料容易产生蠕变，导致缓冲衬垫和包装箱之间出现空隙，产品容易发生二次冲击。包装材料的蠕变特性直接关系到货物包装的牢固性，是包装材料的重要性能指标。

(一) 试验原理

蠕变特性试验是指在规定时间内对缓冲包装材料施加恒定的静载荷，评价缓冲包装材料的厚度对应于时间的变化，从而获得缓冲包装材料的蠕变特性。

蠕变：在一定温湿度条件和恒定外力作用下，材料的形变随时间变化而逐渐增大的现象。

时间-蠕变曲线：以试验时间为横坐标，试验过程中材料的蠕变量为纵坐标绘制的曲线。

（二）测试方法

按照标准进行试验。本标准适用于片状、板状或块状的缓冲包装材料蠕变特性测试。测试时将载荷及活动压板放置在试验样品上来模拟静态恒定压缩载荷，通过测量试验样品的厚度随时间的变化来表征缓冲包装材料的蠕变特性。

1. 试验设备及工具

蠕变特性试验常用设备及工具包括试验架、配重块和量具。

试验架包括刚性基板和活动压板，活动压板上能够放置配重块施加压力，且所施加的载荷应在活动压板的几何中心点处，活动压板应不受任何外力影响。基板和活动压板的最小尺寸为 120 mm×120 mm。

配重块应为表面平整的直方体结构，应由金属制成，以保证具有正常试验的刚度和强度，其质量精确到 0.1 kg。

量具的精度应不低于 0.02 mm，量具安装在基板或试验架框架上，对活动压板变化进行连续测量。

2. 试验条件

（1）试验环境。试验应在与预处理相同的温湿度条件下进行。

（2）试验样品的选取及尺寸要求。试验样品应在放置 24 h 以上的成品中随机抽取，试验样品一般为规则的直方体，上、下底面积应不小于 25 cm^2 且不超过试验架基板的面积。试验样品厚度应不超过横向尺寸的一半，且不小于 25 mm。宜采用尺寸为 100 mm×100 mm×50 mm 的试验样品。当其尺寸不能达到要求时，可在与生产条件相同的条件下专门制造试验样品。

试验样品的数量应根据试验结果要求的准确度和试验样品材料选定，一般情况下，一组试验样品的数量不少于 3 个。

（3）试验样品长度和宽度的测量。测量试验样品的长度和宽度时，分别沿试验样品的长度和宽度方向，用最小分度值不大于 0.02 mm 的量具测量两端及中间三个位置的尺寸，求出平均值，并精确到 0.1 mm。测量试验样品厚度时，需在试验样品表面放置一块平整的刚性平板，使试验样品受到(0.20±0.02) kPa 的压缩载荷。30 s 后，在载荷状态下用最小分度值不大于 0.02 mm 的量具测量四角的厚度，求出平均值，并精确到 0.1 mm。测定丝状、粒状试验样品的厚度时，可采用压缩箱进行测量。试验样品的质量用精度为 0.01 g 的天平称量，并记录该测量值，按照相关公式计算其密度。

3. 主要试验步骤

试验前按照相关标准的规定，选定一种试验条件，对试验样品进行 24 h 以上的预处理，预处理环境条件宜为：温度 23 ℃±2 ℃，相对湿度 50%±10%。蠕变特性试验应在与预处理相同的温湿度条件下进行。缓冲包装材料蠕变特性试验主要按照以下步骤进行。

（1）配重块质量的计算。

试验所需的配重块（含活动压板）质量根据供需双方商定的静应力，按照式(4-20)计算得到：

$$M=\frac{\sigma\times L\times W}{9.8\times 1000} \tag{4-20}$$

式中：M——配重块质量，单位为千克(kg)；

σ——静应力，单位为千帕(kPa)；

L——试验样品长度，单位为毫米(mm)；

W——试验样品宽度，单位为毫米(mm)。

(2) 按照要求安装试验设备，当活动压板与基板接触时，将量具放置在活动压板的几何中心处并调零。

(3) 抬起活动压板，将试验样品放置在活动压板与基板之间，且应放置在压板的中心位置。将确定的配重块放置在活动压板上向试验样品施加压力，开始计时。

(4) 施加载荷 60 s±5 s 时，在试验架中心位置测量样品的厚度，将此厚度作为试验样品加载下的初始厚度。

(5) 在施加载荷 6 min、1 h、24 h、48 h、96 h、168 h 时，以及在其他任何所需时间，将按照规定测量加载状态下的试验样品厚度，作为特定时间点的试验样品厚度。

(6) 可缩短时间间隔测量更多数据，绘制出时间-蠕变曲线。

(7) 根据实际使用情况，应考虑不同样品、温湿度条件及振动等对蠕变特性的影响，并记录相关影响因素。

4. 结果计算

按照式(4-21)计算特定时间点样品的蠕变，用各试验样品的结果平均值表示试验样品在特定时间点的蠕变，结果精确到 0.1%。

$$\varepsilon=\frac{T-T_d}{T}\times 100\% \tag{4-21}$$

式中：ε——蠕变，%；

T——加载下的试验样品初始厚度，单位为毫米(mm)；

T_d——特定时间点的试验样品厚度，单位为毫米(mm)。

计算完成，根据测定的数据绘制出时间-蠕变曲线。

四、振动传递特性测试

缓冲包装材料的振动传递特性是指振动传递率与频率之间的关系，而振动传递率是振动测试系统在正弦振动激励下，质量块与振动台的加速度幅值之比。振动传递特性测试适用于评定在正弦振动作用下缓冲包装材料的振动传递(隔振)特性以及对内装物的保护能力。所获试验数据可用于振动防护包装设计。

(一) 试验原理

缓冲包装材料的振动传递特性测试系统由振动系统及数据采集与处理系统组成，而振动系统由质量块、固定装置、振动台等组成，模拟在正弦振动作用下包装件缓冲包装材料的受力状态。两块试验样品分别放置在质量块的上、下位置，将固定装置的盖板压在质量块上部的试验样品上并适当加固，应尽量避免因质量块与试验样品分离而导致的试验数据畸变。在试验中，记录振动状态下质量块和振动台上的加速度信号，并将其绘制成振动传递率-频率曲线。

（二）测试方法

1. 试验设备

缓冲包装材料的振动传递特性试验常用的设备有振动台、固定装置、质量块和测试系统。

振动台应具有适宜的尺寸，足够的强度、刚度和承载能力。

固定装置应具有能保证质量块做垂直振动的刚度和强度，且与质量块间的摩擦不应影响质量块的振动响应。其盖板表面应平整、坚硬，上、下底面积应大于 200 mm×200 mm，并能对质量块上部的试验样品施加 0.7 kPa 的静压力。

质量块应是表面平整的直方体结构，上、下底面积应大于 200 mm×200 mm，其质量可调节。质量块由硬木或金属制成，在质量块的几何中心位置应设有安装加速度传感器的内腔。同时，质量块应具有保证正常试验的刚度和强度，质量块应尽可能选用一整块，若采用多个质量块，则应将其紧固，以避免质量块之间因未固定而相互碰撞，从而影响试验效果。

测试系统应包括加速度传感器、放大器，显示或记录装置等。测试系统应具有足够的频率响应，在测量范围内，测试系统的精度应在±5%以内。

2. 试验条件

试验样品应在放置 24 h 以上的成品中抽取，当其尺寸不能达到规定的要求时，允许在与生产条件相同的条件下专门制造试验样品。其外观为规则的直方体形状，上、下底面积应大于 200 mm×200 mm，数量一般根据试验结果要求的准确度和试验样品材料来选定。一组试验样品的数量应不少于 3 件。在测量时，分别沿试验样品的长度和宽度方向，用最小分度值不大于 0.05 mm 的量具测量两端及中间三个位置的尺寸，求出平均值，并精确到 0.1 mm。

在试验样品的上表面放置一块刚性平板，使试验样品受到(0.20±0.02) kPa 的压缩载荷。30 s 后在载荷状态下，用最小分度值不大于 0.05 mm 的量具测量四角的厚度，求出平均值，并精确到 0.1 mm。

针对试验样品的密度的测量，通常用感量为 0.01 g 以上的天平称量试验样品的质量，并记录该测量值。

按式(4-22)计算试验样品的密度：

$$\rho=\frac{m}{L_1\times L_2\times T} \tag{4-22}$$

式中：ρ——试验样品的密度，单位为克每立方毫米(g/mm^3)；

m——试验样品的质量，单位为毫米(mm)；

L_1——试验样品的长度，单位为毫米(mm)；

L_2——试验样品的宽度，单位为毫米(mm)；

T——试验样品的厚度，单位为毫米(mm)。

试验应在与预处理相同的温湿度条件下进行。如果达不到相同的条件，则试验应在尽可能相同的条件下进行。

3. 主要试验步骤

按照标准进行试验。具体试验步骤如下。

(1) 分别在质量块中和振动台上安装加速度传感器。

(2) 调节质量块的质量，对试验样品施加所需的静载荷。

（3）将两块试验样品分别放置在质量块的上、下位置。

（4）将固定装置的盖板压在质量块上部的试验样品上，并适当加固。一般情况下，应使上部的试验样品受到 0.7 kPa 的静压力。试验过程中应尽量避免因质量块与试验样品分离而导致的试验数据畸变。对具有塑性的试验样品，可采取适当的措施消除试验样品的塑性变形对试验结果的影响。

（5）试验时，振动台的激励加速度是 $0.5g$（g 是重力加速度），扫频速率是 0.5 倍频程每分钟。从 3 Hz 开始增大扫描频率，并使其通过系统的共振点，直到传递率减小到约 0.2 为止。

（6）试验过程中，记录振动台面和质量块上的加速度信号及相应的振动频率。

（7）计算振动传递率，绘制振动传递率-频率曲线。

第五章　运输包装件试验方法

现代物流产业发展快速，物流包装安全的重要性越来越突显，其也是包装终端用户十分关心的因素。包装的形式多种多样，可能是一个包装箱，也可能是带托盘的组合包装形式，不管是哪种包装形式，对于包装终端用户来说，包装材料和容器能否满足产品运输要求才是他们最关心的问题。因此，需要开展包装件性能试验来检验实际运输过程中包装件的质量。本章主要介绍运输包装件试验方法。

第一节　运输包装件基本试验

一、试验时各部位的标示方法

在开展运输包装件试验之前，首先应该对包装件或包装容器的面、角、棱进行编号标示，以保证受力部位的准确选择。标准对试验时各部件的标示方法做了具体规定，标示包装容器各部位时可参考使用。

（一）平行六面体包装件

包装件应按照运输时的状态放置，如果运输状态不明确，则应将包装件按照最稳定的状态放置，包装件上有垂直于水平面的接缝时，应将其中任意一条接缝立于标注人员右侧；接缝平行于水平面或无接缝时，应将其任一较小端面对着标注人员。平行六面体标示方法如图 5-1 所示。

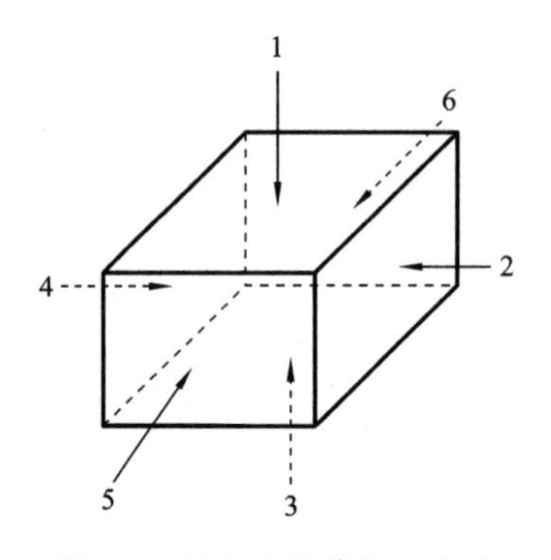

图 5-1　平行六面体标示方法

上表面标示为 1 面；右侧面标示为 2 面；底面标示为 3 面；左侧面标示为 4 面；近端面标示为 5 面；远端面标示为 6 面。

棱由组成该棱的两个面的号码表示，如 1—2 棱指包装件 1 面和 2 面相交形成的棱。

角由组成该角的三个面的号码表示，如 1—2—5 角指包装件 1 面、2 面和 5 面相交组成的角。

（二）圆柱体包装件

圆柱体包装件按直立状态放置，其标示方法如图 5-2 所示。

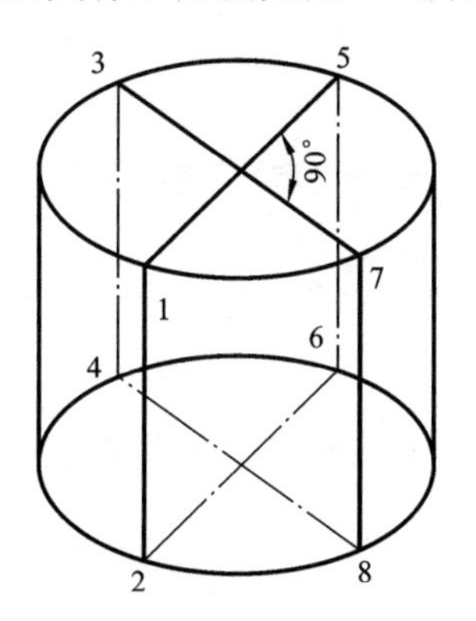

图 5-2　圆柱体标示方法

圆柱体顶面上两个相互垂直的直径的四个端点用 1、3、5、7 表示，圆柱体底面上相对应的四个端点用 2、4、6、8 表示。这些端点分别连成与圆柱体轴线平行的四条直线，各以 1—2、3—4、5—6、7—8 表示。

如果圆柱体上有接缝，应将其中的一个接缝放在 5—6 位置上，其余按上述方法进行顺序标示。

（三）袋体包装件

袋体包装件应卧放，标注人员面对袋的底部。

如果袋体包装件上有纵向合缝，当其在中间时，应将其朝下放置；当其在边上时，应将其置于标注人员的右侧。袋体标示方法如图 5-3 所示。

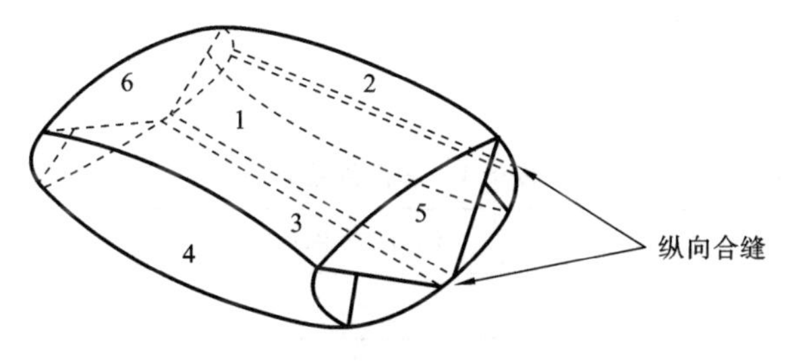

图 5-3　袋体标示方法

包装件的上表面标示为 1 面；右侧面标示为 2 面；下表面标示为 3 面；左侧面标示为 4 面；袋底（即面对标注人员的端面）标示为 5 面；袋口（装填端）标示为 6 面。

（四）封套体包装件

封套体包装件应卧放，标注人员面对封套的开口端。

封口处向上放置。封套体标示方法如图 5-4 所示。

上表面标示为 1 面；右侧棱标示为 2 棱；下表面标示为 3 面；左侧棱标示为 4 棱；信封开口

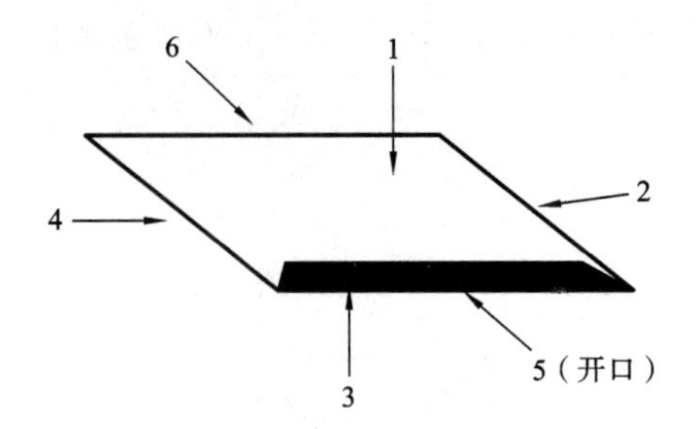

图 5-4 封套体标示方法

端标示为 5 棱；5 棱的对面棱标示为 6 棱。

（五）其他形状的包装件

可根据包装件的特性和形状，按上面所述四种方法之一进行标示，也可以由供需双方协商确定。

二、温湿度调节处理

绝大部分运输包装件的抗压强度、堆码性能、缓冲防震性能都与温湿度有关。因此，在进行运输包装件的试验之前，必须对包装件进行温湿度调节处理，试验也应在与温湿度调节处理时相同的温湿度条件下进行。

（一）试验原理

使试验样品在预定的温湿度条件下，经历预定的时间。

（二）温湿度调节处理条件

根据运输包装件的特性及在流通过程中可能遇到的环境条件，选定温湿度条件之一和温湿度调节处理时间之一进行温湿度调节处理。

1. 温湿度条件

温湿度条件见表 5-1。

表 5-1 温湿度条件

条　件	温度(公称值)/℃	温度(公称值)/K	相对湿度(公称值)/(%)
1	－55	218	无规定
2	－35	238	无规定
3	－18	255	无规定
4	＋5	278	85
5	＋20	293	65
6	＋20	293	90
7	＋23	296	50
8	＋30	303	85

续表

条　件	温度(公称值)/℃	温度(公称值)/K	相对湿度(公称值)/(%)
9	+30	303	90
10	+40	313	不受控制
11	+40	313	90
12	+55	328	30

对于条件1、2、3和10,至少1 h测量10次的测量值与公称值相比最大允许温度误差为±3 ℃。对于其他条件,最大允许温度误差为±2 ℃。

对于所有条件,相对于公称值,温度平均误差应为±2 ℃。对于所有条件,至少1 h测量的最大允许相对湿度相对于公称值的误差应为±5%。对于所有条件,相对于公称值,相对湿度平均误差应为±2%。

2. 温湿度调节处理时间

4 h、8 h、16 h、48 h、72 h或者7 d、14 d、21 d、28 d。

3. 仪器设备

1）温湿度箱(室)

温湿度箱(室),应规定工作空间的范围,工作空间内应能保持规定的调节处理条件,可以连续记录温度和湿度,且保持在规定的允许误差之内。

2）干燥箱(室)

如果有必要,降低某些试验样品的含水率,使其达到环境条件的要求以下。

3）测量与记录仪器

测量与记录仪器应有足够的灵敏度和稳定性,温度的测量精度为0.1 ℃,相对湿度的测量精度为1%,并能进行连续记录,若每次记录的间隔不超过5 min,则也可认为该记录是连续的。在达到上述测量精度要求的同时,测量与记录仪器应有足够的响应速度,以能准确记录每分钟4 ℃的温度变化和每分钟5%的相对湿度变化。

4. 试验程序

将试验样品放置在温湿度室的工作空间内,将其架空放置,使温湿度调节处理的空气可以自由通过其顶部、四周和至少75%的底部面积。

尽可能地选择与试验样品运输和储存条件相似的温度和相对湿度,并且将其暴露在规定的条件下一段时间。温湿度调节处理时间从达到规定条件1 h后算起。

如果试验样品由具有滞后现象特性的材料构成,如纤维板等,则需要在温湿度调节处理之前进行干燥处理。具体做法为:将试验样品放置在干燥室内至少24 h,当被转移到试验条件下时,试验样品已经通过吸收潮气接近平衡。当规定的相对湿度不大于40%时,不进行干燥处理。

5. 试验报告

试验报告应包括下列内容:

(1) 说明试验系按本部分执行的;

(2) 温湿度调节处理时的温度、相对湿度及时间;

(3) 试验时试验场地的温度和相对湿度;

(4) 任何预干燥的详细说明；
(5) 和本部分描述的试验方法之间的任何差异。

第二节 运输包装件试验的一般要求

为了验证运输包装件的安全性，需要进行运输包装件试验，试验要在规定要求下开展。

一、试验环境条件

(一) 正常的试验环境条件

(1) 温度：10～32 ℃。
(2) 相对湿度：20%～80%。
如果相对湿度不影响试验结果，可不进行控制。

(二) 仲裁试验环境条件

(1) 温度：(23±2) ℃。
(2) 相对湿度：50%±5%。
(3) 气压：86～100 kPa。

(三) 特殊的试验环境条件

特殊的试验环境条件详见有关试验方法的规定。若试验时环境条件达不到规定，则应在试验样品离开预处理条件后 5 min 内进行试验。

(四) 试验条件允许误差

除另有规定外，试验条件允许误差按下列范围控制。
(1) 温度：±2 ℃。
(2) 相对湿度：±5%。
(3) 气压：±5%。
(4) 振幅正弦振动：±10%。
(5) 频率：±5%，低于 10 Hz 为±0.5 Hz。
(6) 加速度：±10%。
(7) 速度：±5%。
(8) 高度：±2%。
(9) 压力：±5%。

二、试验前的准备

(一) 试验顺序的确定

确定试验顺序有下列几种方法。

（1）从最严酷的试验项目开始，以便在试验的早期阶段得到试验样品失效的趋势。一般用于研制阶段的验证试验。

（2）从最不严酷的试验项目开始，以便在试验样品损坏前得到更多的信息。一般用于研制阶段的验证试验，特别是在可利用的试验样品数量受到限制时。

（3）由后一项试验来暴露或加强前一项试验所产生的结果，以便对试验样品产生最显著的影响。一般用于研制阶段的鉴定试验。

（4）按照运输包装件在实际流通环境中可能遇到的、起主要影响的危害因素的出现次序，安排试验项目。一般用于流通条件已知的鉴定试验和验收试验。

（二）试验样品的准备

试验样品为完整的运输包装件。如果不可能使用内装物，可用模拟物代替，但模拟物的重量、重心、硬度、形状应与内装物相似。若使用的内装物是不合格品，其缺陷应不影响试验结果判定。内装物或模拟物都应按实际包装要求固定、支撑和缓冲。

（三）试验过程

1. 试验样品的数量

试验样品的数量按有关规定，一般不少于 3 件。

2. 试验样品的预处理

试验样品应在规定的试验环境条件下达到平衡，平衡时间一般不少于 4 h。对仲裁试验，试验样品应在规定的试验环境条件下进行预处理，预处理时间按有关规定选取。

3. 试验样品的安装

试验样品在试验设备中的安装应模拟实际流通状态，或按试验方法的规定，并按需要连接测试设备。

4. 试验样品的检查

1）试验前检查

试验前应在正常的试验环境条件下对试验样品进行检查。必要时，应对内装物的电性能、力学性能和其他性能进行检测。

2）中间检查

在试验期间要求将试验样品的性能与其试验前检测的性能进行比较时，应进行中间检查。中间检查应在与试验前检查相同的环境条件下进行。

3）试验后检查

试验后，应检查试验样品外观及包装容器、固定件、支撑件、缓冲件和内装物的变化和损坏情况。必要时应对内装物的电性能、力学性能和其他性能进行检测，并与试验前的检测数据进行比较。

对于在特殊的试验环境条件下进行的试验，在试验后检查之前，为使试验样品的内装物性能稳定，应在正常的试验环境条件下进行恢复处理。

5. 试验中断与恢复

当试验中断时，一般应按下列规定处理。

1）允许范围内的中断

在中断期间试验条件没有超过允许误差范围。这种情况下，中断时间应作为试验持续时间的一部分。

2）欠试验条件中断

当试验条件低于允许下限时，应立即中断试验，待重新达到预定试验条件后恢复试验，继续完成预定的试验周期。

3）过试验条件中断

当试验条件高于允许上限时，最好中断试验，用新的试验样品重做。如果过试验条件不会直接影响试验样品的特性，或试验样品可以修复，则可按欠试验条件中断处理。如果以后试验中出现试验样品失效，则应认为此试验结果无效。

（四）试验记录和报告

试验记录应包括所采用的试验方法及程序：试验顺序；试验设备的名称、规格、型号；试验的日期、地点；试验条件；试验参数；试验样品在试验前后的性能检测数据和外观检查情况；各试验方法中规定应记录的其他内容。

试验记录应有试验人员及校核人员的签字。

当试验用于评定运输包装件或包装容器的合格性时，以下列条件之一为不合格判据：

（1）内装物产生功能损伤或机械损伤；

（2）内装物或模拟物上的加速度响应值超过内装物的脆值；

（3）包装防护系统产生功能损伤；

（4）包装容器产生功能损伤或结构上的损伤，可能在以后的流通过程中使内装物外露、移位、漏失或损坏。

不影响包装容器使用性能的轻微损伤，如局部凹痕、掉漆、木制件裂纹等不作为不合格判据。

试验报告应包括下列内容。

（1）说明试验是按本方法进行的，或与本方法的不同之处。

（2）试验样品的装箱等级及初始状态，包括试验样品的名称、尺寸、重量、数量。内装物的情况，包装容器、支撑件、缓冲件等的结构、材料及固定方法，封闭和捆扎状态，以及其他防护措施。

（3）试验样品的预处理条件、试验环境条件，及已进行过的试验。

（4）试验所用仪器设备的名称、规格型号。

（5）试验结果，包括试验样品的各种检测结果和试验结论。

（6）有助于包装容器及包装方法改进的分析与建议。

（7）试验日期、试验人员的签字、试验单位的盖章。

第三节　运输包装件的试验方法

运输包装件在运输过程中会受到各种外力影响，进而导致其安全性降低。本节介绍运输包装件的试验方法。运输包装件包括一般运输包装件和大型运输包装件。大型运输包装件(large transport packages)是指总重量大于 70 kg 或者任何一边的长（或直径）大于 1500 mm 的运输包装件。

一、水平冲击试验

水平冲击试验适用于评定运输包装件在流通过程中受到水平冲击的耐冲击强度，以及包装对内装物的保护能力。水平冲击试验模拟运输工具紧急制动、车辆连挂以及其他类似的冲击情况，适用于评定运输包装件所能承受的水平冲击力以及包装对内装物的保护能力。根据试验设备的不同，水平冲击试验分为斜面冲击试验、吊摆冲击试验、可控水平冲击试验。

（一）试验原理

使试验样品按预定状态以预定的速度与一个同速度方向垂直的挡板相撞。也可以在挡板表面和试验样品的冲击面、棱之间放置合适的障碍物以模拟特殊情况下的冲击。

（二）试验设备

1. 水平冲击试验机

水平冲击试验机由钢轨道、台车和挡板组成。

1）钢轨道

两根平直钢轨平行固定在水平平面上。

2）台车

应有驱动装置，并能控制台车的冲击速度。台车台面与试验样品之间应有一定的摩擦力，使试验样品与台车在从静止到受冲击前的运动过程中无相对运动。但受冲击时，试验样品相对台车应能自由移动。

3）挡板

挡板应安装在轨道的一端，其表面与台车运动方向之间成90°±1°的角。挡板冲击表面应平整，其尺寸应大于试验样品受冲击部分的尺寸。挡板冲击表面应有足够的硬度与强度。当其表面承受160 kg/cm^2 的负载时，变形量不得大于0.25 mm。需要时，可以在挡板上安装障碍物，以便对试验样品某一特殊部位开展集中冲击试验。挡板结构架应使台车在试验样品冲击挡板后仍能在挡板下继续行走一定距离，以保证试验样品在台车停止前与挡板冲击。

2. 斜面冲击试验机

斜面冲击试验机由钢轨道、台车和挡板等组成，其简图如图5-5所示。

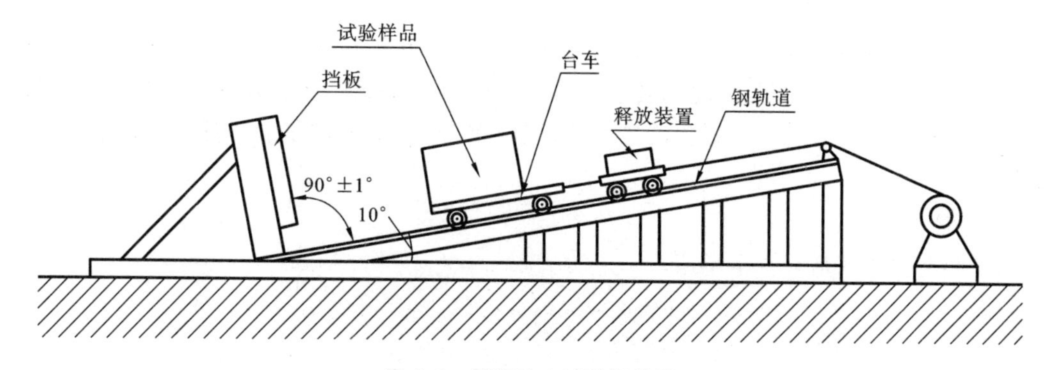

图5-5 斜面冲击试验机简图

1）钢轨道

两根钢轨平直且互相平行，轨道平面与水平面的夹角为10°。轨道表面保持清洁、光滑，并沿斜面以50 mm的间距划分刻度。轨道上应装有限位装置，以便使台车能在轨道的任意位置停留。

2）台车

台车的滚动装置，应保持清洁、滚动良好。台车应装有自动释放装置，并与牵引机构配合使用，使台车能在斜面的任意位置自由释放。试验样品与台面之间应有一定的摩擦力，使试验样品与台车在从静止到受冲击前的运动过程中无相对运动。但受冲击时，试验样品相对台车应能自由移动。

3）挡板

挡板应安装在轨道的最低端，其冲击表面与轨道平面之间成90°±1°的角。在挡板的结构架上可以安装阻尼器，防止二次冲击。

3. 吊摆冲击试验机

吊摆冲击试验机由悬吊装置和挡板组成，其简图如图5-6所示。

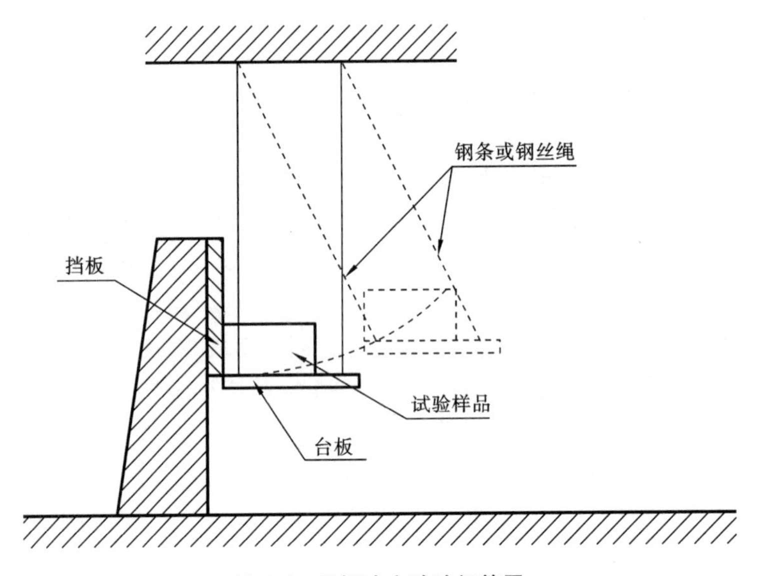

图5-6　吊摆冲击试验机简图

1）悬吊装置

悬吊装置一般由长方形台板组成。长方形台板四角用钢条或钢丝绳悬吊起来，台板应具有足够的尺寸和强度，以满足试验的要求。当自由悬吊的台板静止时，应保持水平状态。其前部边缘刚好触及挡板。悬吊装置应能在运动方向自由活动，并且将试验样品安置在平台上时，不会阻碍其运动。

2）挡板

挡板的冲击面应垂直于水平面。

（三）试验程序

1. 试验样品的准备

按本章第二节的要求准备试验样品。

2. 试验时的温湿度条件

试验应在与预处理相同的温湿度条件下进行，如果达不到预处理条件，则必须在试验样品离开预处理条件 5 min 之内开始试验。

3. 试验步骤

(1) 将试验样品按预定状态放置在台车（水平冲击试验机和斜面冲击试验机）或台板（吊摆冲击试验机）上。

利用斜面冲击试验机或水平冲击试验机进行试验时，试验样品的冲击面或棱应与台车前缘平齐；利用吊摆冲击试验机进行试验时，当自由悬吊的台板处于静止状态时，试验样品的冲击面或棱恰好触及挡板冲击面。

对试验样品进行面冲击时，其冲击面与挡板冲击面之间的夹角不得大于 2°。

对试验样品进行棱冲击时，其冲击棱与挡板冲击面之间的夹角不得大于 2°。如果试验样品为平行六面体，则应使组成该棱的两个面中的一个面与挡板冲击面的夹角误差不超过±5°或在预定角的±10%以内（以较大的数值为准），如图 5-7 所示。

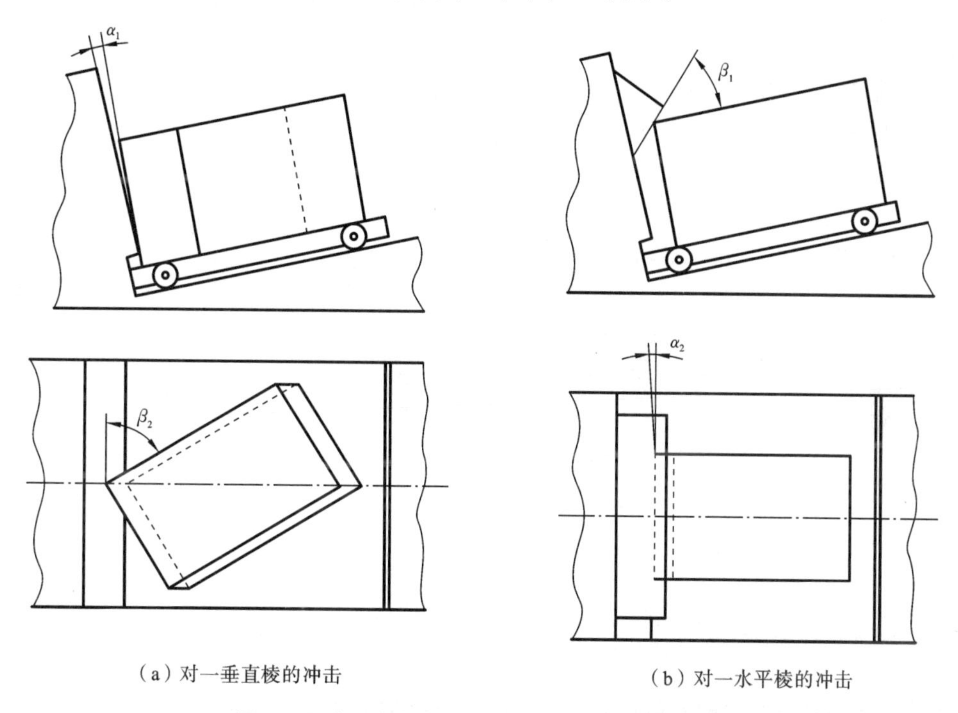

(a) 对一垂直棱的冲击　　(b) 对一水平棱的冲击

图 5-7 对一棱的冲击，试验样品的位置允许误差

对试验样品进行角冲击时，试验样品应撞击挡板，其中任何与试验角邻接的面同挡板的夹角误差不超过±5°或在预定角度的±10%以内，以较大的数值为准（见图 5-8）。

(2) 利用水平冲击试验机进行试验时，使台车沿钢轨以预定速度运动，并在到达挡板冲击面时达到所需要的冲击速度。

(3) 利用斜面冲击试验机进行试验时，将台车沿钢轨斜面提升到可获得要求冲击速度的相应高度上，然后释放。

(4) 利用吊摆冲击试验机进行试验时，拉开台板，提高摆位，当拉开到台板与挡板冲击面之间距离能产生所需冲击速度时，将其释放。

(5) 无论采用哪种试验机进行试验，冲击速度误差应在预定冲击速度的±5%以内。

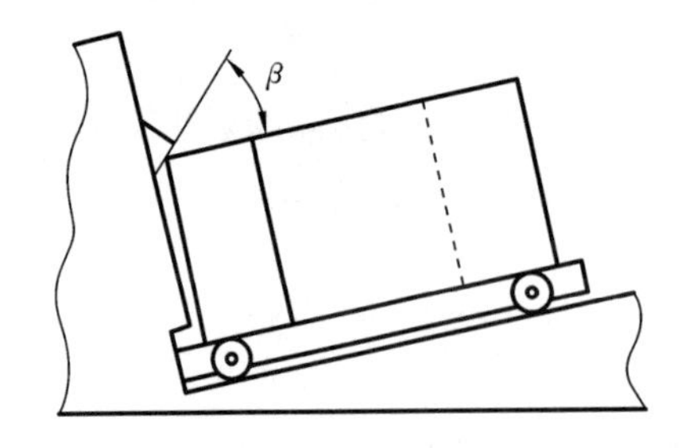

图 5-8　对一角的冲击，试验样品的位置允许误差

(6) 试验后按有关标准规定检查包装及内装物的损坏情况，并分析试验结果。

(四) 试验报告

试验报告应包括下列内容：

(1) 说明试验系按本部分执行的；

(2) 内装物的名称、规格、型号、数量、性能等，如果使用模拟物，应加以说明；

(3) 试验样品的数量；

(4) 详细说明包装容器的名称、尺寸，结构和材料规格，附件、缓冲衬垫、支撑物、固定方法、封口、捆扎状态及其他防护措施；

(5) 试验样品和内装物的质量，以千克计；

(6) 预处理时的温度、相对湿度和时间；

(7) 试验场所的温度和相对湿度；

(8) 试验所用设备、仪器的类型；

(9) 试验时，试验样品放置状态；

(10) 试验样品、试验顺序和试验次数；

(11) 冲击速度，必要时，测试冲击时最大减加速度；

(12) 如果使用附加障碍物，说明其放置位置及其有关情况；

(13) 记录试验结果，并提出分析报告；

(14) 说明所用试验方法与本部分的差异。

二、随机振动试验

随机振动试验模拟运输包装件在流通过程中可能遇到的振动情况，评定运输包装件经受随机振动时，包装对内装物的保护能力。它既可以作为单项试验，也可以作为一系列试验的组成部分。

(一) 试验原理

在规定的环境条件下，按预定的方向和固定方式，把试验样品放到振动试验机上，在一定频率范围内，按预定强度进行一定时间的随机振动。

(二) 试验设备

1. 振动试验台

振动试验台的尺寸应适宜并具有足够的强度、刚度和承载能力，能产生单轴向的振动，并能在预定频率范围内产生连续变化的振幅。

2. 闭环控制系统

控制系统应能有效地控制振动台，使试验样品附近产生预定的功率谱密度(PSD)。闭环控控制系统是一个自动均衡系统，操作者可以输入预定的PSD数值。控制系统可自动产生均衡振动系统的驱动信号以获得预定的PSD，可根据样品和振动试验系统的特性进行自动补偿。典型的系统应包括读取反馈信号的模数转换器、产生驱动信号的数模转换器、实时数字分析处理器、随机振动控制软件、曲线显示终端、打印机和数据存储器。

注：典型的随机振动系统产生一个呈正态分布的驱动信号。为了避免试验系统或试验样品遭受瞬时高幅振动，系统可以增加 σ 驱动信号削波功能。

3. 仪器

仪器包括加速度传感器、信号调节器、频谱分析仪、数据显示器、存储器、振动台PSD测量设备和监控试验样品响应设备等。在整个试验频率范围内，这些仪器的准确度应为±5%。

（三）试验程序

1. 试验的准备

按照标准的要求准备试验样品。试验样品一般应与实际运输的包装件相同(相同的包装和真实的产品)。在不影响试验结果的情况下，可以使用有缺陷的产品或次品，这些情况需要在试验报告中说明。若产品有危险或很昂贵，也可以使用模拟内装物，在试验后应评价真实包装件能否通过试验。试验样品中传感器应能准确地进行信号传递。

如果需要对产品进行观测，可以在外包装上不重要的位置开观测孔。按标准的规定，对试验样品各部位进行编号。按标准的规定，选定一种条件对试验样品进行温湿度预处理。试验应在与预处理相同的温湿度条件下进行。如果达不到预处理条件，则应在试验样品离开预处理条件 5 min 之内开始试验。根据试验目的选用适当试验强度，应优先选用从流通环境中实际采集的PSD和加速度均方根值，或从公开发表的PSD资料中选择一个适用的试验强度。如果有可能，应对试验结果与真实运输效果进行对比来修正试验强度。

2. 设备校准

试验前应对所有仪器和设备的准确性进行校验，确保达到预定的试验强度和允许误差。加速度传感器应安装在样品附近或样品下面振动台的背面。振动系统的控制信号应利用控制系统进行均衡，以补偿振动台面对试验样品的驱动力、试验系统的传递功能和控制系统的传递功能。

随机振动所产生的PSD强度误差在整个试验频率范围内的任意一个频率分析段上都不能超过±3 dB，当累计分析带宽为 10 Hz 时，这个误差允许达到±6 dB。同时，加速度均方根的误差不能超过预定的±15%。带宽最大为 2 Hz，统计自由度(DOF)最小为 60，带宽应根据PSD曲线上每段线段的斜率而变化。斜率越大，使用的频谱分析带宽越小，应使带宽两端的PSD值控制在±3 dB之内。在使用 σ 驱动信号削波时驱动信号削波处理水平不能低于 3σ。

（四）试验步骤

（1）记录试验场所的温湿度。

（2）按预定的状态将试验样品置于振动台台面上。

（3）试验样品的重心要尽量接近台面的中心，保证预期的振动(水平或垂直)能够传送到外包装上。

(4) 集装货载、堆码振动或单独的试验样品,通常应使用不固定方式放置,试验样品用围框围住,以免在振动过程中从台上坠落。调整保护设施的位置,使试验样品的中心能在各水平方向 10 mm 范围内做无约束运动。

(5) 只有当试验样品包装件在实际的运输条件下需要固定时,试验时才将样品固定放置。

(6) 试验开始时,应保证其强度不能超过选择的 PSD 曲线强度。试验应以至少低于预定 PSD 6 dB 开始振动,然后分一步或几步增大强度直到达到预定值,使闭环控制系统在较低的试验强度下完成均衡。

注 1:在试验过程中试验样品可能产生强烈的机械响应,因此栅栏、保护物等都要有足够的强度和安全性。在操作时应始终警惕潜在的危险并事先采取安全措施。如果有危险发生,请立刻停止试验。

注 2:试验开始前,务必确定紧固部件牢固可靠,试验开始后也需要定期检查紧固部件是否牢固可靠。

(7) 继续振动直至完成预定时间的随机振动,或者直到试验样品出现预定损伤时停止试验。这段时间的振动完全是在预定强度下完成的,振动强度调节时间不计在内。

(8) 随机振动试验应以真实的运输环境数据为基础,如果需要也可以考虑增大试验强度来缩短试验时间,但应对试验结果与真实运输效果进行对比来修正试验强度。

(9) 如果能够得到实际流通过程中的反馈信息,则允许根据实际货物的破损情况来调整试验时间和 PSD。

三、滚动试验

滚动试验是一种特殊形式的冲击试验,评定运输包装件在受到滚动冲击时的耐冲击强度及包装对内装物的保护能力。

(一) 试验原理

将试验样品放置于平整而坚固的平台上,并加以滚动使其每一测试面依次受到冲击。

(二) 试验设备

冲击台面应为水平平面,试验时不移动,不变形,并满足下列要求。

(1) 冲击台为整块物体,其质量至少为试验样品质量的 50 倍。

(2) 冲击台面要有足够大的面积,以保证试验样品完全落在冲击台面上。

(3) 冲击台面上任意两点的水平高度差一般不得大于 2 mm,但如果与冲击台面接触的试验样品的尺寸中有一个尺寸超过 1000 mm,则冲击台面上任意两点的水平高度差不得大于 5 mm。

(4) 冲击台面上任意 100 mm^2 的面积承受 10 kg 的静负荷时,变形量不得大于 0.1 mm。

(三) 试验程序

按标准的要求准备试验样品。按标准的规定对试验样品进行编号。按标准的规定,选定一种条件对试验样品进行温湿度预处理。试验应在与预处理相同的温湿度条件下进行，如果达不到预处理条件，则应在尽可能接近预处理的温湿度条件下进行试验。按标准的规定选择试验强度值。

（四）试验步骤

将试验样品（六面体）置于冲击台面上，3 面与冲击台面接触，见图 5-9。使试验样品倾斜直至重力线通过 3—4 棱，当试验样品失去平衡时，4 面受到冲击，见图 5-10。

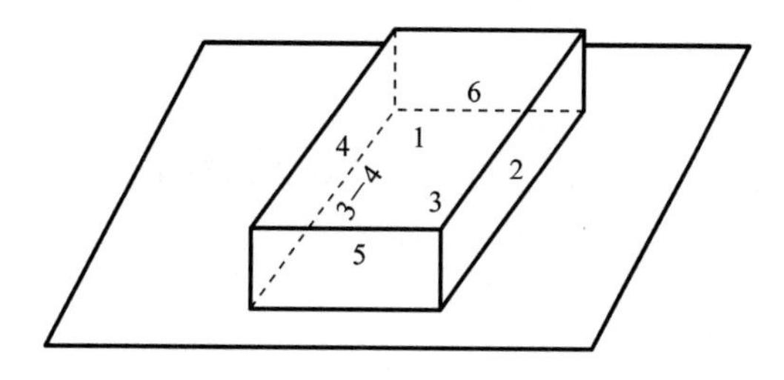

图 5-9　3 面与冲击台面接触

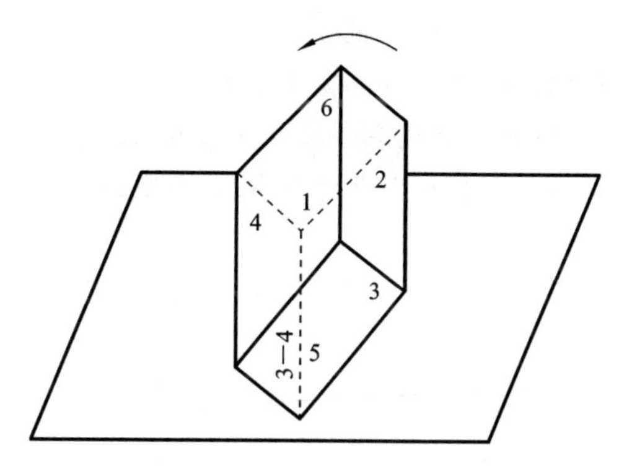

图 5-10　4 面受到冲击

按上述方法与表 5-2 进行试验。

表 5-2　棱边与被冲击面

棱　边	被冲击面
3—4	4
4—1	1
1—2	2
2—3	3
3—6	6
6—1	1
1—5	5
5—3	3

注：如果一个表面尺寸较小，则有时会出现一次松手后连续出现两次冲击的情况，此时可视为分别出现的两次冲击，试验仍可继续进行。

其他形状的试验样品的滚动方法和顺序，可参照六面体形状的试验样品的相关规定。

试验后按有关标准的规定对包装及内装物的损坏情况进行检查，并分析试验结果。

四、跌落试验

跌落试验用来测试运输包装件在受到垂直冲击时的耐冲击强度及包装对内装物的保护能力。本部分介绍对运输包装件进行跌落试验时所用试验设备的主要性能要求、试验程序及试验步骤。

（一）试验原理

提起试验样品至预定高度，然后使其按预定状态自由落下，与冲击台面相撞。

（二）试验设备

1. 冲击台

冲击台面为水平平面，试验时不移动，不变形，并满足下列要求：

（1）冲击台为整块物体，其质量至少为试验样品质量的 50 倍；

（2）要有足够大的面积，以保证试验样品完全落在冲击台面上；

（3）冲击台面上任意两点的水平高度差不得大于 2 mm；

（4）冲击台面上任意 100 mm^2 的面积上承受 10 kg 的静负荷时，其变形量不得大于 0.1 mm。

2. 提升装置

在提升或下降过程中，不应损坏试验样品。

3. 支撑装置

试验样品的支撑装置在释放前应能使试验样品处于所要求的预定状态。

4. 释放装置

在释放试验样品的跌落过程中，应使试验样品不碰到装置的任何部件，保证其自由跌落。

（三）试验程序

按标准的要求准备试验样品。按标准的规定，对试验样品各部位进行编号。按标准的规定，选定一种条件对试验样品进行温湿度预处理。试验应在与预处理相同的温湿度条件下进行。如果达不到预处理条件，则应在尽可能接近预处理的温湿度条件下进行试验。按标准的规定选择试验强度值。

（四）试验步骤

提起试验样品至所需的跌落高度位置，并按预定状态将其支撑住。其提起高度与预定高度之差不得超过预定高度的±2%。跌落高度是指准备释放时试验样品的最低点与冲击台面之间的距离。按下列预定状态，释放试验样品：

（1）面跌落时，使试验样品的跌落面与水平面之间的夹角最大不超过 2°；

（2）棱跌落时，使跌落的棱与水平面之间的夹角最大不超过 2°，试验样品上规定面与冲击台面间夹角的误差不超过±5°或夹角的 10%（以较大的数值为准），使试验样品的重力线通过被跌落的棱；

(3) 角跌落时,试验样品上规定面与冲击台面之间的夹角误差不超过±5°或此夹角的10%(以较大数值为准),使试验样品的重力线通过被跌落的角;

(4) 对于任意状态和形状的试验样品,其重力线都应通过被跌落的面、线、点。

实际冲击速度与自由跌落时的冲击速度之差不超过自由跌落时的±1%。试验后按有关标准或规定检查包装及内装物的损坏情况,并分析试验结果。

五、碰撞试验

碰撞试验用于评定运输包装件在运输过程中承受多次重复性机械碰撞的耐冲击强度及包装对内装物的保护能力。它既可作为单项试验,也可以作为一系列试验的组成部分。本部分主要介绍对运输包装件进行碰撞试验时所用试验设备的主要性能要求、试验程序和试验步骤。

(一) 试验原理

采用直接安装或过渡结构的安装方法,用缚带将试验样品紧固在碰撞台上,使其按规定的峰值加速度、脉冲持续时间、脉冲重复频率和碰撞次数进行碰撞。必要时可在试验样品上添加一定负载,以模拟包装件处于货垛底部条件下经受多次重复性机械碰撞环境的情况。

(二) 试验设备

碰撞脉冲的波形及允差应具有与图 5-11 中用虚线表示的标称加速度时间曲线相似的半正弦碰撞脉冲。实际碰撞脉冲的波形应限制在图 5-11 中用实线表示的容差范围内。

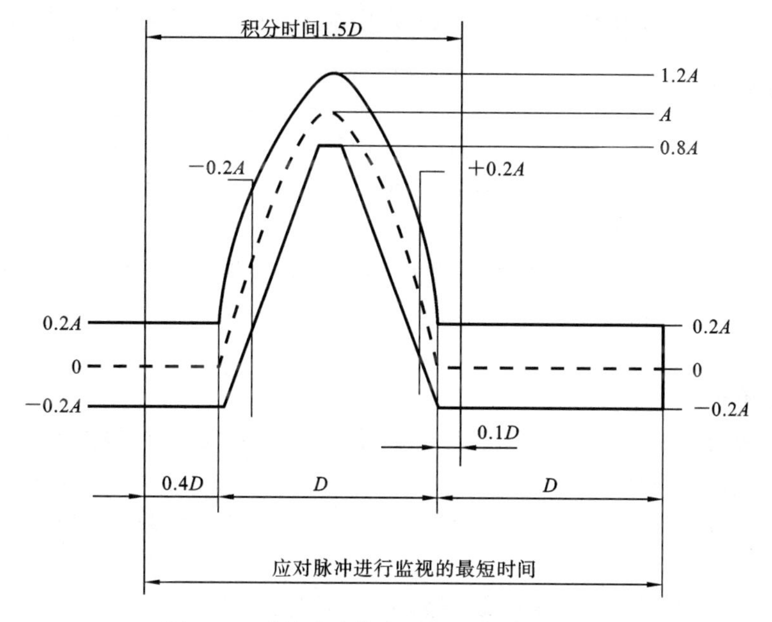

图 5-11　碰撞脉冲的波形及允差(半正弦波)

D—标称脉冲的持续时间;A—标称脉冲的峰值加速度,m/s^2

试验时实际碰撞脉冲相应速度变化量的容差应在标称值的±20%以内。试验时实际碰撞脉冲速度的计算,应从脉冲前 $0.4D$ 积分到脉冲后 $0.1D$。碰撞台的冲击重复频率示值误差不得超过±10%。碰撞台在规定的工作范围内,台面检测点(一般以台面中心点为准)上,垂直于碰撞方向的正负加速度,在任何时刻都不得超过标称脉冲加速度值的30%。

(三) 试验程序

按标准的要求准备试验样品。按标准的规定,对试验样品各部位进行编号。按标准的规定,选定一种条件对试验样品进行温湿度预处理。试验应在与预处理相同的温湿度条件下进行。如果达不到预处理条件,则应在尽可能接近预处理的温湿度条件下进行试验。按标准的规定选择试验强度值。

(四) 试验步骤

(1) 记录试验场所的温湿度。

(2) 将试验样品按正常运输状态置于碰撞台面上,采用直接安装或过渡结构的安装方法,用缚带将试验样品紧固在碰撞台上,过渡结构应具有足够的刚性,以避免引起附加的共振。

(3) 按预定的峰值加速度、脉冲持续时间、脉冲重复频率和碰撞次数进行碰撞试验。必要时可在试验样品上添加负载,加载方法应符合标准的要求。

(4) 试验后按有关标准规定检查包装及内装物的损坏情况,并分析试验结果。

六、压力试验

压力试验用于评定运输包装件在受到压力时的耐压强度及包装对内装物的保护能力。它既可以作为单项试验,也可以作为一系列试验的组成部分。本部分主要介绍对运输包装件进行压力试验时所用试验设备的性能要求、试验程序及试验报告的内容。

(一) 试验原理

将试验样品置于压力机的压板之间,然后任选其中一个方法:

(1) 在抗压试验的情况下,进行加压直至试验样品损坏或达到预定载荷和位移值时为止;

(2) 在堆码试验的情况下,施加预定载荷直至试验样品损坏或持续到预定的时间为止。

(二) 试验设备

1. 压力试验机

压力试验机由电动机驱动,用机械传动或液压传动,一个或两个压板要能以(10±3) mm/min的相对速度匀速移动,对试验样品施加压力。

注1:不推荐以其他速度,如(12.5±2.5) mm/min,与(10±3) mm/min得出的结果做比较。

注2:对于某些包装件,如金属桶或木箱,可能需要使用较低的速度来防止最大载荷超过预定载荷。

压板应符合下列要求。

(1) 压板应平整。

① 表面积小于1 m^2的,任意两点之间的高度差可以有0.1%的允差;

② 表面积大于1 m^2的,当压板水平放置时,其表面最低点与最高点的水平高度差不应大

于 1 mm。

③ 压板的尺寸应大于与其接触的试验样品的尺寸，两压板之间的最大行程应大于试验样品的高度。

（2）压板应坚硬。

如果采用多向压板，当试验机将施加载荷的 75%施加到压板中心的 100 mm×100 mm×100 mm 的木块上时，或在转座压板的情况下，施加到放置于四角的四块相同木块上时，压板上任意一点的变形量不应大于 1 mm，该木块应具有足够的强度承受这一载荷而不发生碎裂。其中一块压板应保持水平，在整个试验过程中允许其水平倾斜度的偏差值在 0.2%以内。另一块压板应安装牢固，在整个试验过程中其水平倾斜度的偏差值应在 0.2%以内；或者在压板中心位置上安装一个万向接头，使其可在任意方向自由倾斜。压板工作面可局部凹进以便固定螺钉等。

施加预定载荷的方法：在预定的时间内，预定载荷波动不超过±4%，且压板间不能有相对运动，在上压板的任何垂直位移过程中都应保持同一载荷。

2. 记录装置

记录装置或其他测量装置在记录或测量载荷时的误差不应超过±2%，记录或测量压板位移的准确度应达到±1 mm。

3. 试验样品尺寸的准确度

测量试验样品尺寸的准确度应达到±1 mm。

（三）试验程序

试验应在与预处理相同的温湿度条件下进行，而温湿度条件是按照试验样品的材料或用途选定的。如果达不到相同条件，则应在尽可能相近的大气条件下进行试验。如果有可能，试验样品的数量最好为 5 件。

分别称量包装与其内装物，然后填满包装，测量其外部尺寸。将试验样品按预定状态放置于试验机的下压板中心。当载荷未施加到试验样品的整个表面时，为了模拟试验样品在运输过程中的受压情况，应在试验样品与压力机压板之间插入适当的仿模楔块。通过两块压板以适当的速度所进行的相对运动对试验样品施加载荷，直至达到预定值。在达到预定值之前，若试验样品出现损坏现象，则终止试验，加载时也不应出现超过预定峰值的现象。如果试验样品先损坏，记录此时的载荷数值。在测量变形量时，应设定一个初始载荷作为基准点，基准点除非另外说明，否则应按表 5-3 中给出的初始载荷基准点记录。

表 5-3　初始载荷

平均压缩载荷/N	初始载荷/N
101～200	10
201～1000	25
1001～2000	100
2001～10000	250
10001～20000	1000
20001～100000	2500
⋮	⋮

如果需要,在预定时间内保持预定载荷,或直到试验样品损坏为止。如果试验样品先损坏,记录经过的时间。移开压板,卸除载荷,检查试验样品,如果它损坏,测量它的尺寸,并且检查内装物是否损坏。如果需要测定试验样品的对角和对棱受外界压力时的耐压能力,则用两块压板均不能自由倾斜的试验机按照上述步骤操作即可。

(四) 试验报告

试验报告应包括下列内容:

(1) 说明试验系按本部分执行的;

(2) 实验室名称和地址,顾客名称和地址;

(3) 报告的唯一性标志;

(4) 接收试验样品的日期、试验完成的日期和试验天数;

(5) 负责人的姓名、职位和签字;

(6) 说明所用试验方法对试验结果的影响;

(7) 没有实验室证明,复印部分报告无效;

(8) 试验样品的数量;

(9) 包装容器的名称、尺寸、结构和材料规格、衬垫、支撑物、固定方法、封口、捆扎状态以及其他防护措施等的详细说明;

(10) 内装物的名称、规格、型号、数量等,如果使用的是模拟内装物,应予以详细说明;

(11) 预处理的温度、相对湿度和时间,试验场所在试验期间的温度、相对湿度;

(12) 试验时试验样品的放置状态;

(13) 说明进行的是抗压试验还是堆码试验;

(14) 所使用设备的类型、压力机采用的是机械传动操作还是液压传动操作,以及两块压板是否为固定安装;

(15) 包装件上测量点的位置,以及进行这些测量的试验阶段;

(16) 所用仿模楔块的形状和尺寸;

(17) 施加载荷的速度、施加载荷的大小(以 N 为单位),以及试验样品的承载持续时间;

(18) 对所用试验方法与本部分的差异的说明;

(19) 试验结果及观察到的可以帮助正确解释试验结果的任何现象。

七、静载荷堆码试验

静载荷堆码试验用于评定运输包装件和单元货物在堆码时的耐压强度或对内装物的保护能力。本部分主要介绍对运输包装件和单元货物进行静载荷堆码试验时所用设备的性能指标、试验程序及试验报告的内容。

(一) 试验原理

采用三种试验方法之一进行试验时,将试验样品放在一个平整的水平平面上,并在其上面均匀施加载荷.施加的载荷、大气条件、承载时间以及试验样品的放置状态等是预先设定的。

注:如果可行,可对试验样品在试验中的上下偏斜或左右偏斜进行测定。

（二）试验设备

1. 水平平面

水平平面应平整、坚硬（最高点与最低点之间的高度差不大于 2 mm）。如果水平平面为混凝土地面，其厚度应不小于 150 mm。

2. 加载方法

方法 1：包装件组。

包装件组中的包装件应与试验中的试验样品完全相同。包装件的数目应以其总质量达到合适的载荷量而定。

方法 2：自由加载平板。

自由加载平板应能连同适当的载荷一起，在试验样品上自由地调整达到平衡，载荷与自由加载平板可以是一个整体。

自由加载平板的中心置于试验样品的顶部中心，该平板的尺寸至少应较包装件的顶面各边大 100 mm。该平板应足够坚硬，在完全承受载荷下不发生变形。

注：此类载荷有时称为"自由载荷"。

方法 3：导向加载平板。

采用导向措施使导向加载平板的下表面能连同适当的载荷一起始终保持水平。

导向加载平板居中置于试验样品的顶部时，其各边尺寸至少应较试验样品的顶面各边大 100 mm。该平板应足够坚硬，在完全承受载荷下不发生变形。

注 1：此类载荷有时称为"导向载荷"。

注 2：如果采用导向措施来确保加载平板保持水平，则所采用的措施不应造成摩擦而影响试验结果。

3. 偏斜测试方法（如有必要，测试时使用）

应精确到±1 mm，并能指示出倾斜尺寸的增减情况。此外，偏斜测试设备应符合规定的要求及公差。

4. 安全设施

试验中所加载荷的稳定性和安全性除了取决于试验样品的抗变形能力以外，还取决于其顶面和加载平板底面之间的摩擦力。为此，应提供一套稳妥的试验设施，并能在一旦发生危险的情况下，保证载荷受到控制，以防止对附近人员造成伤害。

（三）试验程序

将预装物装入试验样品中，并按发货时的正常封装程序对包装件进行封装。如果使用的是模拟内装物，其尺寸和物理性质应尽可能接近预装物的尺寸和物理性质。同样地，封装方法应和发货时使用的方法相同。按标准的规定，选定一种条件对试验样品进行温湿度预处理。

(1) 试验应在与预处理相同的温湿度条件下进行，而温湿度条件是按照试验样品的材料或用途选定的。如果达不到相同条件，则试验应在尽可能相近的大气条件下进行。

(2) 将试验样品按预定状态置于水平平面上，使加载用包装件组、自由加载平板或导向加载平板居中置于试验样品的顶面。

如果使用自由加载平板或导向加载平板的方法，在不造成冲击的情况下将作为载荷的重物放在加载平板上，并使它均匀地和加载平板接触，使载荷的重心处于试验样品的顶面中心的上方。重物和加载平板的总质量与预定值的误差应在±2%以内。载荷重心与加载平板上表面的距离，不应大于试验样品高度的50%。

如果使用自由加载平板或导向加载平板的方法对试验样品进行测量，应在充分预加载后对试验样品施加压力，以保证加载平板和试验样品完全接触。

(3) 载荷应保持预定的持续时间(一般为24 h，视材料的情况而定)或直至包装件压坏。

(4) 去除载荷，对试验样品进行检查。

注1：在试验期间，必要时可随时对试验样品的尺寸进行测定。

注2：如果试验特殊加载时，可将合适的仿模楔块放在试验样品的上表面或下表面，或根据需要上下表面都放。

注3：如果试验样品置于托盘上或处于堆码状态，应选取并排放置的几个试验样品进行试验或使用实际的堆码形式进行试验。

(四) 试验报告

试验报告应包括下列内容：

(1) 说明试验系按本部分执行的；

(2) 实验室名称和地址，顾客名称和地址；

(3) 报告的唯一性标志；

(4) 接收试验样品的日期、试验完成的日期和试验天数；

(5) 负责人的姓名、职位和签字；

(6) 说明试验结果仅对试验样品有效；

(7) 没有实验室证明，复印部分报告无效；

(8) 试验样品的数量；

(9) 包装容器的名称、尺寸、结构和材料规格、衬垫、支撑物、固定方法、封口、捆扎状态以及其他防护措施、试验样品的总质量、内装物的质量(单位为kg)等的详细说明；

(10) 内装物的名称、规格、型号、数量等，如果使用的是模拟内装物，应予以详细说明；

(11) 预处理的温度、相对湿度和时间，试验场所在试验期间的温度、相对湿度，这些数值是否符合标准的要求；

(12) 采用标准中规定的标示方法描述试验时试验样品的放置状态；

(13) 总质量以kg计，包括加载平板的质量；试验样品承受载荷的持续时间，所使用的加载方法；是否采用导向装置，若采用，说明采用方式；

(14) 试验样品偏斜测量点的位置，以及进行这些偏斜测量的试验阶段；

(15) 所用仿模楔块的形状和尺寸；

(16) 对试验设备的说明；

(17) 对所用试验方法与本部分的差异的说明；

(18) 试验结果及观察到的可以帮助正确解释试验结果的任何现象。

第六章　危险货物包装性能试验

在《危险货物大包装检验安全规范　性能检验》《公路运输危险货物包装检验安全规范　性能检验》《水路运输危险货物包装检验安全规范　性能检验》《铁路运输危险货物包装检验安全规范　性能检验》《空运危险货物包装检验安全规范　性能检验》等文件中，对军品、民品危险货物包装件的试验要求和标准都做了明确规定。在这些文件中，给出了跌落试验、气密试验、液压试验、堆码试验、渗透性试验五项试验方法，且内容和要求基本相同。本章主要介绍危险货物包装件的垂直冲击跌落试验、渗透性试验、液压试验、堆码试验、气密试验等方法，并对放射性物质包装的内装物和辐射的泄漏检验方法进行了介绍。

第一节　危险货物包装分类

危险货物按具有的危险性或最主要的危险性分成9个类别，有些类别再分成项别，类别和项别的号码顺序并不是危险程度的顺序。

一、危险货物分类

(1) 爆炸品。

① 有整体爆炸危险的物质和物品。

② 有迸射危险但无整体爆炸危险的物质和物品。

③ 有燃烧危险并有局部爆炸危险或局部迸射危险或这两种危险都有，但无整体爆炸危险的物质和物品。

④ 不呈现重大危险的物质和物品。

⑤ 有整体爆炸危险的非常不敏感物质。

⑥ 无整体爆炸危险的极端不敏感物品。

(2) 气体。

① 易燃气体。

② 非易燃无毒气体。

③ 毒性气体。

(3) 易燃液体。

(4) 易燃固体、易于自燃的物质、遇水释放出易燃气体的物质。

① 易燃固体、自反应物质和固态退敏爆炸品。

② 易于自燃的物质。

③ 遇水释放出易燃气体的物质。

(5) 氧化性物质和有机过氧化物。

① 氧化性物质。

② 有机过氧化物。

(6) 毒性物质和感染性物质。

① 毒性物质。

② 感染性物质。

(7) 放射性物质。

(8) 腐蚀性物质。

(9) 杂类危险物质和物品。

二、危险货物包装分类

除爆炸品、气体、放射性物质、有机过氧化物、感染性物质外，其他各类危险货物的包装等级可按危险程度分为三种，即：

(1) Ⅰ级包装——高度危险性；

(2) Ⅱ级包装——中等危险性；

(3) Ⅲ级包装——轻度危险性。

各类危险货物危险程度的划分可通过有关危险特性试验来确定。

三、大包装分类

根据大包装结构和材质的不同，大包装可分为：

(1) 金属大包装；

(2) 木质大包装；

(3) 柔性大包装；

(4) 纤维板大包装；

(5) 刚性大包装。

四、大包装代码与标记

(一) 代码

大包装代码由两部分组成，第一部分用两位阿拉伯数字表示大包装的形式，见表 6-1。

表 6-1　大包装形式代码表

大包装形式	代　　码
刚性大包装	50
柔性大包装	51

第二部分用一个或多个大写英文字母表示材质，具体如下：

(1) A——钢(所有类型及表面处理)；

(2) B——铝；

(3) C——天然木材；

(4) D——胶合板;

(5) F——再生木材;

(6) G——纤维板;

(7) H——塑料;

(8) L——编织物;

(9) M——多层纸;

(10) N——金属(除钢和铝之外)。

字母“W”可放在大型容器编码后面。

(二) 大包装基本标记

大包装应具备清晰、耐久的标记。其包括以下内容。

(1) 联合国规定的危险货物包装符号(u/n)。

本符号用于证明大包装符合联合国《关于危险货物运输的建议书 规章范本》(第十五修订版)的规定。对金属包装,可用模压大写字母“UN”表示。

(2) 应有上述规定的大包装代码。

(3) 表示包装级别的字母:

① X——Ⅰ级包装;

② Y——Ⅱ级包装;

③ Z——Ⅲ级包装。

(4) 制造月份和年份(最后两位数字)。

(5) 批准该标记的国家,中国的代号为大写英文字母 CN。

(6) 大包装的生产地和制造厂的代号,上述代号由国家有关主管机关确定,常见地区代码见表 6-2。

表 6-2 常见地区代码

地区名称	代码	地区名称	代码	地区名称	代码
北京	1100	安徽	3400	海南	4600
天津	1200	福建	3500	四川	5100
河北	1300	厦门	3502	重庆	5102
山西	1400	江西	3600	贵州	5200
内蒙古	1500	山东	3700	云南	5300
辽宁	2100	河南	4100	西藏	5400
吉林	2200	湖北	4200	陕西	6100
黑龙江	2300	湖南	4300	甘肃	6200
上海	3100	广东	4400	青海	6300
江苏	3200	深圳	4403	宁夏	6400
浙江	3300	广西	4500	新疆	6500

(7) 国家有关主管机关确定的其他标记。

(8) 以千克(kg)表示的堆码试验负荷。对于设计上不能堆码的大包装,应写上数字“0”。

(9) 最大许可总质量,以千克(kg)表示。

(10) 大包装基本标记示例如图 6-1 所示。

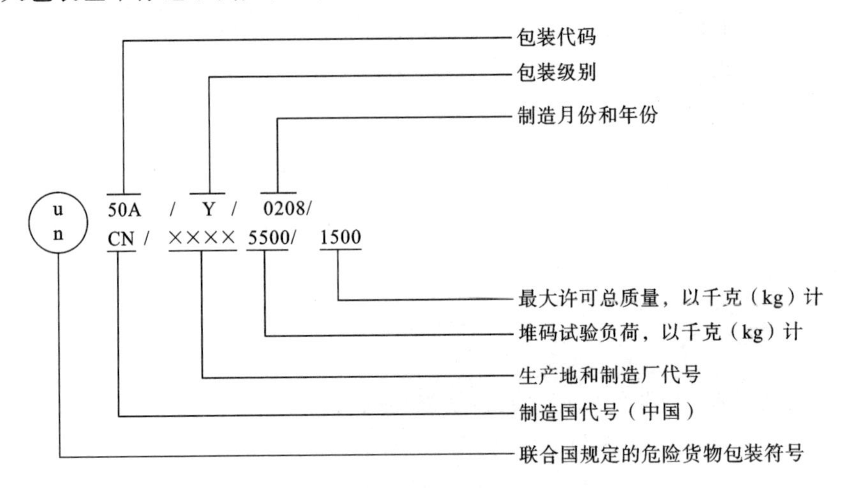

图 6-1　大包装基本标记示例

第二节 危险货物包装跌落试验

所有包装容器包括组合包装的内包装都应进行性能试验。如果出于安全原因需要对包装容器进行内部处理或涂层，这种内部处理或涂层即使在试验后应仍具有保护性能。

一、试验样品数量和跌落方向

(一) 试验样品数量

不同试验项目的试验样品数量如下：

(1) 跌落试验桶、罐类包装 6 个样品；

(2) 箱类包装 5 个样品；

(3) 袋类包装 3 个样品(其中，袋-无缝边单层或多层 2 个样品)。

在不影响试验结果时，一个试验样品可以进行两项以上的试验。

(二) 跌落方向

每种跌落试验样品跌落方向见表 6-3。

表 6-3　跌落方向

包装容器	跌落方向
钢桶 铝桶 钢罐 纤维板桶 塑料桶和罐 桶状复合包装	第一组跌落(用 3 个样品跌在同一部位)：应以倾斜的方式使包装的凸边撞击在目标上，重心垂线通过凸边撞击点。如果包装无凸边，则目标应与圆周接缝或边缘撞击，移动顶盖桶时须将桶倒置倾斜，锁紧装置通过中心垂线跌落。 第二组跌落(用另外 3 个样品跌在同一部位)：应使第一组跌落时没有试验到的最薄弱的包装部位撞击到目标上，例如封闭器或桶体纵向焊缝、罐的纵向合缝处等

续表

包装容器	跌落方向
天然木箱 胶合板箱 再生木板箱 纤维板箱、钢或铝箱 箱状复合包装塑料箱	第一次跌落：以箱底平落。 第二次跌落：以箱顶平落。 第三次跌落：以一长侧面平落。 第四次跌落：以一短侧面平落。 第五次跌落：以一个角跌落
袋-无缝边单层或多层	第一次跌落：以袋的宽面平面跌落。 第二次跌落：以袋的端部跌落
袋-有缝边单层或多层	第一次跌落：以袋的宽面平落。 第二次跌落：以袋的狭面平落。 第三次跌落：以袋的端部跌落

注：(1) 对于非平面跌落，试验样品的重心(矢量)应垂直于撞击点。

(2) 沿某一指定方向跌落时试验样品可能不止一个面，应跌最薄弱的那面。

(3) 试验应在与预处理相同的冷冻环境或温湿度相同的环境中进行。如果达不到相同条件，则试验应在试验样品离开预处理环境5 min内完成。

二、跌落试验样品的特殊准备

以下容器进行试验时，应将试验样品及其内装物的温度降至－18 ℃或更低：

(1) 塑料桶；

(2) 塑料罐；

(3) 泡沫塑料箱以外的塑料箱；

(4) 复合容器(材料为塑料)；

(5) 带塑料内容器的组合容器，准备盛装固体或物品的塑料袋除外。

试验样品若为液体，应保持液态，必要时可添加防冻剂。

三、试验设备

(一) 冲击台

冲击台面为水平平面，试验时不移动，不变形，并满足下列要求：

(1) 冲击台为整块物体，其质量至少为试验样品质量的 50 倍；

(2) 要有足够大的面积，以保证试验样品完全落在冲击台面上；

(3) 冲击台面上任意两点的水平高度差不得大于 2 mm；

(4) 冲击台面上任意 100 mm^2 的面积上承受 10 kg 的静负荷时，其变形量不得大于 0.1 mm。

(二) 提升装置

在提升或下降过程中，不应损坏试验样品。

（三）支撑装置

支撑装置在释放前应能使试验样品处于所要求的预定状态。

（四）释放装置

在释放试验样品跌落过程中，应使试验样品不碰到装置的任何部件，保证其自由跌落。

（五）冷冻室(箱)

能满足试验样品特殊准备要求。

（六）温、湿度室(箱)

纸和纤维板容器应在控制温度和相对湿度的环境下至少放置 24 h。有以下三种办法，应选择其一。一种办法是：温度 23 ℃±2 ℃和相对湿度(50%±2%)(r. h.)，是最好的环境条件。另外两种办法是：温度 20 ℃±2 ℃和相对湿度(65%±2%)(r. h.)；温度 27 ℃±2 ℃和相对湿度(65%±2%)(r. h.)。

注：平均值应在这些限值内，短期波动和测量局限可能会使个别相对湿度有±5%的变化，但不会对试验结果的复验性有重大影响。

四、跌落高度

对于固态或液态危险货物，如采用拟装危险货物，或采用具有基本相同物理性质的其他物质进行试验，其跌落高度见表 6-4。

表 6-4　跌落高度　　单位：m

Ⅰ级包装	Ⅱ级包装	Ⅲ级包装
1.8	1.2	0.8

对于液态内装物，如用水来替代进行试验：

(1) 如果拟运输液体的相对密度小于或等于 1.2，其跌落高度见表 6-4。

(2) 如果拟运输物质的相对密度大于 1.2，其跌落高度应根据拟运输物质的相对密度 d 按表 6-5 计算，四舍五入至一位小数。

表 6-5　跌落高度与密度换算表　　单位：m

Ⅰ级包装	Ⅱ级包装	Ⅲ级包装
$d\times1.5$	$d\times1.0$	$d\times0.67$

五、通过试验的准则

(1) 除组合包装的内包装以外，对于盛装液体的包装，在跌落试验后首先应使包装内部压力和外部压力达到平衡。所有包装均应无渗漏，有内涂(镀)层的包装，其内涂(镀)层还应完好无损。

(2) 盛装固体的包装经跌落试验后,即使封闭装置不再具有防筛漏能力,内包装或内装物应仍能保持完整无损、无撒漏。

(3) 复合包装或组合包装的外包装,不得出现可能影响运输安全的任何损坏,也不得有内装物从内包装或内容器中漏出,内包装或内容器不得出现渗漏。若有内涂(镀)层,其应完好无损。

(4) 袋子的最外层或外部包装不得出现影响运输安全的任何损坏。

(5) 跌落时可允许有少量内装物从封闭器中漏出,跌落后不得继续泄漏。

(6) 爆炸品的包装在跌落过程中不允许出现任何泄漏。

第三节　危险货物包装气密试验

所有拟盛装液体的包装均需做此项试验。如果组合包装的外包装能达到气密要求或它的衬垫吸附材料能完全吸附滞留内装物,不使它从外包装内渗漏出来,则其内包装可免做此项试验。

一、试验样品数量

每种设计型号取 3 个试验样品。

二、试验前试验样品的特殊准备

将有通气孔的封闭装置以相似的无通气孔的封闭装置代替,或将通气孔堵死。

三、试验设备

(1) 可提供 10～30 kPa 压缩空气的压力气泵。

(2) 压力表量程为 0～100 kPa,分度值为 1 kPa,精度为 2 级。

(3) U 形管。

(4) 水槽。

(5) 盛装检测溶液的器皿和刷涂工具。

四、试验方法和试验压力

将容器包括其封闭装置箝制在水面下 5 min,同时施加内部空气压力,箝制方法不应影响试验结果。施加的空气压力(表压)见表 6-6。

表 6-6　施加的空气压力(表压)　单位:kPa

Ⅰ级包装	Ⅱ级包装	Ⅲ级包装
≥30	≥20	≥20

其他至少有同等效力的方法也可以使用。

五、通过试验的准则

所有试验样品应无泄漏。

第四节　危险货物包装液压试验

所有拟盛装液体的包装容器均需进行此项试验。如果组合包装的外包装能达到最低的规定要求，则内包装可免做此项试验。

一、试验样品数量

每种设计型号取3个试验样品。

二、试验前试验样品的特殊准备

将有通气孔的封闭装置用相似的无通气孔的封闭装置代替，或将通气孔堵死。

三、试验设备

液压危险货物包装试验机或达到相同效果的其他试验设备。

四、试验方法和试验压力

（一）试验方法

启动液压危险货物包装试验机，向内包装内连续均匀施加液压，同时打开排气阀，排除试验容器内残留气体，然后关闭排气阀。塑料、塑料复合包装包括它们的封闭器，应承受规定恒液压（表压）30 min，其他容器包括它们的封闭器，应承受规定恒液压（表压）5 min。

（二）试验压力

拟装I级液体危险货物的包装容器的试验压力为250 kPa，其他的按下列三种方法之一计算。

（1）温度为55 ℃时测出的包装件内总表压（即盛装物质气压加上空气或惰性气体气压减100 kPa）乘安全系数1.5。

$p_T=(p_{M55}\times1.5)$ kPa，不低于95 kPa。

（2）待运货物50 ℃时蒸气压的1.75倍，减100 kPa。

$p_T=(V_{P50}\times1.75)-100$ kPa，不低于100 kPa。

（3）待运货物55 ℃时蒸气压的1.5倍，减100 kPa。

$p_T=(V_{P55}\times1.5)-100$ kPa，不低于100 kPa。

式中：p_T——试验压力，单位为千帕(kPa)；

p_{M55}——温度为55 ℃时容器内测得的总表压；

V_{P50}——50 ℃时货物的蒸气压；

V_{P55}——55 ℃时货物的蒸气压。

五、通过试验的准则

所有试验样品应无泄漏。

第五节　危险货物包装堆码试验

除了包装袋以外，所有危险货物包装件都要进行堆码试验，试验方法与一般运输包装件的堆码试验方法基本相同。

一、试验样品数量

每种设计型号取3个试验样品。

二、试验设备

(一) 水平台面

水平台面应平整坚硬。任意两点的高度差不大于2 mm，若为混凝土地面，其厚度应不小于150 mm。

(二) 加载装置

1. 包装件组

包装件组中的包装件应与试验中的试验样品完全相同。包装件的数目则以其总质量达到合适的载荷量而定。

2. 自由加载平板

自由加载平板应能连同适当的载荷一起，在试验样品上自由调整达到平衡。载荷与自由加载平板也可以是一个整体。

自由加载平板置于包装件试验样品顶部的中心时，其尺寸至少应较包装件的顶面各边大100 mm。该平板应足够坚硬，以保证能完全承受载荷而不产生变形。

3. 导向加载平板

采用导向措施使导向加载平板的下表面能连同适当的载荷一起始终保持水平，所采用的措施不应造成摩擦而影响试验结果。

该平板置于试验样品顶部的中心时，其尺寸至少应较包装件的顶面各边大100 mm，该平板应足够坚硬，以保证能完全承受载荷而不产生变形。

（三）偏斜测试装置

所有偏斜测试装置的误差，应精确到±1 mm。

（四）安全设施

在试验时应注意所加负载的稳定和安全，为此，必须提供一套稳妥的试验设施，并能在一旦发生危险的情况下，保证载荷受到控制，以便防止对附近人员造成伤害。

三、试验方法和堆码载荷

（一）试验方法

在试验样品的顶部表面施加一载荷，此载荷重量相当于运输时可能堆码在它上面的同样数量包装件的总重量。如果试验样品内装的液体的相对密度与待运液体的不同，则该载荷应按后者计算。包括试验样品在内的最小堆码高度应为 3 m，试验时间为 24 h，但拟装液体的塑料桶、罐和复合容器（6HH1 和 6HH2），应在不低于 40 ℃的温度下经受 28 d 的堆码试验。

（二）堆码载荷

堆码载荷按式(6-1)计算：

$$P = K \times \left(\frac{H-h}{h}\right) \times m \tag{6-1}$$

式中：P——加载的负荷，单位为千克(kg)；

K——劣变系数，K 值为 1；

H——堆码高度（不小于 3 m），单位为米(m)；

h——单个包装件的高度，单位为米(m)；

m——单个包装件的毛重，单位为千克(kg)。

四、通过试验的准则

试验样品无泄漏。复合包装的内容器和组合包装的内包装也无泄漏。试验样品不出现可能对运输安全有不利影响的损坏，或者可能降低其强度或造成包装件堆码不稳定的变形。在进行评估前，塑料容器应冷却至环境温度。

第六节　危险货物包装渗透性试验

对于公路运输危险货物包装，拟装闪点不大于 61 ℃的易燃液体的塑料桶、塑料罐和复合容器（塑料材料）(6HA1 除外)，应进行渗透性试验。

一、试验样品数量

每种设计型号取 3 个试验样品。

二、试验方法

将试验样品在盛装拟装物或标准溶液后在温度为 23 ℃、相对湿度为 50％的条件下保存 28 d。称取其在 28 d 保存期前后的质量，并计算其渗透率。

三、通过试验的准则

渗透率不大于 0.008 g/h。

第七节　危险货物大包装性能检验

大包装是指由一个内装多个物品或内容器的外容器组成的容器，并且设计用机械方法装卸，其净重大于 400 kg 或容积大于 450 L，但不大于 3 m^3 的包装。根据标准相关规定，本节主要对其性能检验项目和方法进行介绍。

一、试验项目

大包装的性能试验项目及要求见表 6-7。

表 6-7　性能试验项目及要求

性能试验项目	性能试验要求
底部提升试验	内装物无损失，大包装无任何危及运输安全的永久性变形
顶部提升试验	内装物无损失，大包装无任何危及运输安全的永久性变形
堆码试验	内装物无损失，大包装无任何危及运输安全的永久性变形
跌落试验	内装物无损失，大包装无任何危及运输安全的永久性变形； 跌落后如果有少量内装物从封口外渗出，只要无进一步渗漏，也应判为合格； 盛装爆炸品的大包装不得有任何泄漏

二、试验数量

试验项目和抽样数量见表 6-8。在不影响检验结果的情况下，允许减少抽样数量，一个样品同时进行多项试验。

表 6-8　试验项目和抽样数量　单位:件

试验项目	抽样数量
底部提升试验	3
顶部提升试验	3
堆码试验	3
跌落试验	3

三、试验准备

(1) 对准备供运输的大包装,包括所使用的内包装和物品,应进行试验,内包装装入的液体应不低于其最大容量的 98%,装入的固体应不低于其最大容量的 95%。如果大包装的内包装将装运液体和固体,则需对液体和固体内装物分别进行试验。将用大包装运输的内包装中的物质或物品,可以其他物质或物品代替,但这样做不得使试验结果无效。当使用其他内包装或物品时,它们应与所运内包装或物品具有相同的物理特性(质量等)。允许使用添加物,如铅粒包,以达到要求的包件总质量,但这样做不得影响试验结果。

(2) 塑料做的大包装和装有塑料内包装(用于装固体或物品的塑料袋除外)的大包装,在进行跌落试验时应将试验样品及其内装物的温度降至－18 ℃或更低。如果有关材料在低温下有足够的韧性和抗拉强度,可以不考虑这一预处理。按这种方式准备的试验样品,可以免除某预处理。试验液体应保持液态,必要时可添加防冻剂。

(3) 纤维板大包装应在控制温度和相对湿度的环境中至少放置 24 h。有以下三种方案,可选择其一。一种方案是:温度 23 ℃±2 ℃和相对湿度 50%±2%,是最好的环境条件。另外两种方案是:温度 20 ℃±2 ℃和相对湿度 65%±2%;温度 27 ℃±2 ℃和相对湿度 65%±2%。

注:平均值应当在这些限值内,短期波动和测量局限可能会使个别相对湿度量度有±5%的变化,但不会对试验结果的复验性有重大影响。

四、试验内容

(一) 底部提升试验

底部提升试验适用于装有底部提升装置的大包装。

1. 试验样品准备

大包装应装载至其最大许可总质量的 1.25 倍,负荷分布均匀。

2. 试验方法

大包装由吊车提起和放下两次,叉斗位置居中,间隔为进入边长度的四分之三(进入点固定的除外),叉斗应插入进入方向的四分之三。应从每一可能的进入方向重复试验。

（二）顶部提升试验

顶部提升试验适用于装有顶部提升装置的大包装。

1. 试验样品准备

大包装应装载至其最大许可总质量的 2 倍。软体大包装应装载至其最大许可总质量的 6 倍，载荷分布均匀。

2. 试验方法

按设计的提升方式把大包装提升到离开地面，并在空中停留 5 min。

（三）堆码试验

堆码试验适用于相互堆积存放的大包装。

1. 试验样品准备

大包装应充灌至其最大许可总质量。

2. 试验方法

将大包装的底部放在水平的硬地面上，然后施加分布均匀的叠加试验载荷，持续时间至少为 5 min。木质、纤维板和塑料材料大包装，持续时间为 24 h。

3. 试验负荷的计算

施加到大包装上的试验负荷应相当于运输中其上面堆码的相同大包装数目最大许可总质量之和的 1.8 倍。

（四）跌落试验

跌落试验适用于所有大包装。

1. 试验样品准备

（1）按照设计类型，用于装运固体的大包装应充灌至不低于其容量的 95%，用于装运液体的中型散装容器应充灌至不低于其容量的 98%。减压装置应确定处于不工作的状态，或将减压装置拆下并将其开口堵塞。

（2）大包装的拟装货物可以用其他物质代替，但不得影响试验结果。如果拟装货物是固态物质，当使用另一种物质代替时，该替代物质的物理性质（质量、颗粒大小等）应与待运物质相同。允许使用外加物如铅粒袋等，以便达到规定的包件总质量，只要外加物的放置方式不会使试验结果受到影响。

2. 试验方法

大包装应跌落在坚硬、无弹性、光滑、平坦和水平的表面上，确保撞击点落在大包装底部被认为是最脆弱易损的部位。

3. 跌落高度

跌落高度见表 6-4。

第八节　放射性物质包装的内装物和辐射的泄漏检验

为了配合实施国家有关放射性物质安全运输规定标准，检验经过上述运输规定中的试验后，货包中的放射性内装物是否仍无泄漏和货包外部辐射泄漏的增加是否仍在限重以下，需要进行放射性内装物泄漏检验和辐射泄漏检验。

一、适用范围

(1) 放射性内装物泄漏检验方法是针对包容放射性物质的某层包装或整个包容系统的密封性而制订的。它适用于低比活度的液体或粉末状物质的货包，如罐头盒和 A 型包装等。对装铀镭系放射性物质的货包，如果测量其子体(氡-222 等)更为灵敏时，则不必采用该方法。

(2) 辐射泄漏检验适用于屏蔽层外部的辐射剂量率，如果在设计中已考虑因外层包装增加防护距离而使剂量率降低，那么也可连同外层包装检验，但对某些尺寸特殊或因某种特性使得检验过程困难的情况，不宜使用该方法。

二、放射性内装物泄漏检验

(一) 方法依据

一个面积为 10^{-3} mm^2或更小的漏孔(相当于标准漏氦率约 13.33 Pa · m^3/s)，在进行检验时，其前 10 mm 内的泄漏将不大于 1.5×10^{-3} L，相当于 2.53 μPa · m^3/s。

按照放射性物质安全运输规定的要求，货包泄漏出的放射性应不超过 1850 Bq，此数值对于密封容器内的固体放射性物质大约相当于标准漏氦率 13.33 μPa · m^3/s，对液体则约相当于0.1333 μPa · m^3/s。

综合以上数值，标准规定了利用负压检测漏出的气体和放射性双重方法，对固体粉末只需检验气体泄漏，对液体则两者均需检验。

(二) 装置

浸泡罐可以设计成圆柱形，应采用透明材料制作，或装置窥视窗，罐要求承受 0.3 MPa 以上的内压。罐上应装有压力表和进出水阀，罐内有支架可固定样品，在充水后，试验样品的任何部位均应能距水面 40 mm 以上，并且通过转动罐体可观察到试验样品的任何部位。

测量放射性活度的仪器的探测灵敏度对 β 粒子不低于 0.4 Bq，对 γ 射线不低于 80 Bq。

(三) 模拟放射性溶液

最好采用半衰期较短而能量较高的 β、γ 放射性核素，例如^{24}Na，配成溶液的放射性浓度应等于

$$a=s\times\frac{V_T}{V_S}\times\frac{1}{L} \tag{6-2}$$

式中：a——模拟溶液的放射性浓度，Bq/L；

s——仪器探测灵敏度，Bq；

V_T——罐中溶液体积，L；

V_S——取样体积，L；

L——最小可探测出的泄漏，取 $L=1.5\times10^{-3}$ L/10 min。

（四）操作步骤

试验样品装入模拟放射性溶液，经过安全运输规定的环境试验以后，去掉货包外部非密封层，放入浸泡罐，固定好，向罐内压入气体至 0.2 MPa，保持 15 min，然后注入去离子水，至水位高过试验样品表面至少 40 mm，注水时应保持罐内压力不降低。注完水后迅速放气至常压，立即观察 5 min 看各部位有无连续气泡逸出，再转动罐体使试验样品各部位均有机会处于上部，但仍保持距水面 40 mm 以上。再同样观察 5 min，如果无连续气泡出现，则将上述试验全部重复一次，最后从罐内取样（至少 0.1），测量其放射性。

（五）判别

如果货包内装粉末状放射性物质，当货包上不出现连续气泡时，则可视为不漏，如果货包内装液态放射性物质，除不出现气泡外，样品检测不出放射性则可视为不漏。

三、辐射泄漏检验

（一）方法依据

放射性物质货包经过正常运输条件的试验以后，当屏蔽损坏使货包表面辐射水平增加时，按照放射性物质安全运输规定不得超过 20%。另外，B(U)型货包经过运输的事故条件试验以后，距货包表面 1 m 处的辐射水平还不得超过 10 mSv/h，实际研究结果是，在屏蔽层面上有 1 cm^2 的缺陷为裂缝或缺口，如果剂量率增加不足 100%，是难以探测的，在屏蔽层面上有 100 cm^2 缺陷，如果剂量率增加不足 20%，也探测不出。因此标准给出的方法，多数情况下可以满足安全运输规定的要求，其中 X 光胶片感光法适于探测辐射屏蔽效能减弱比较小的包装，用于 A 型货包，直接测量辐射法适于探测和测量屏蔽效能减弱比较大的包装，对 A 型和 B 型货包均可用。

如果由于货包的尺寸或其他原因不能使用本方法，则另行设计符合安全运输规定的基本方法。

（二）光胶片感光法

1. 设备和材料

（1）黑度计。

黑度 D 的灵敏度范围应为 0～3。

（2）X 光胶片。

（3）X 光片增感屏（可以不用）。

（4）放射源。

源的够量应与实际相近，活度应能使胶片在适当时间（例如 5 h）内产生的黑度 D 不小于 1。

2. 检验步骤

在实际检验前，应预先规定标准操作规程。按照 X 光胶片的实际感光灵敏度、源的活性等来确定照射时间和显影条件。

将胶片敷贴在货包外表面，如果货包形状特殊，可以套上铝筒，外部再包上 X 光片，铝筒厚度不大于 1 mm，与货包间隙不大于 50 mm，照射分两次进行，第 1 次是在安全运输规定的环境试验之前进行，第 2 次是在试验之后进行。两次照射所用的胶片和照射时间均应相同，且应同时冲洗，洗出胶片的黑度不小于 1。

3. 判别

测量胶片的黑度，如果两张胶片的黑度一致，则可认为合格。

（三）直接测量辐射量法

1. 装置

带碘化钠晶体的探头和配套的照射量或剂量仪表。

可以设计一个放置货包的旋转平台，该平台与一个能上下移动、带探头的转臂同步，当平台旋转时，转臂能自平台边缘至中心的上方往复移动且与源中心位置的距离应保持大体相等。

2. 放射源

放射源可以采用与实际货包中相同的核素或能量相近的核素，其活度按设计规定的货包屏蔽能力考虑。对 A 型货包可以采用实际的放射源。

测量仪器按源的照射量率 200％的包装屏蔽后的 20％范围预先刻度。

将货包放在转台中央，转动转台，探头上下转动扫描，每往复 1 次，转台旋转角度不大于 10°。探头应始终对准源中心位置。

货包在安全运输规定的环境条件试验前后应对辐射量各测量 1 次，测量所用的条件和仪器均应相同。

3. 判别

对比两次测量的记录，如果没有变化，则认为合格。

参考文献

[1] 郭丽.现代包装材料加工与应用研究[M].北京:中国商业出版社,2018.
[2] 郭彦峰,许文才,李小丽.包装测试技术[M].2版.北京:化学工业出版社,2012.
[3] 郭彦峰,许文才,付云岗.包装测试技术[M].3版.北京:化学工业出版社,2015.
[4] 马桃林,余晕,欧冠男.包装技术[M].2版.武汉:武汉大学出版社,2009.
[5] 郭彦峰.包装物流技术[M].3版.北京:文化发展出版社,2021.
[6] 许文才,王振飞,应红.包装测试技术[M].北京:印刷工业出版社,1994.
[7] 山静民.包装测试技术[M].北京:印刷工业出版社,1999.
[8] 潘松年.包装工艺学[M].3版.北京:印刷工业出版社,2007.
[9] 唐志祥.包装材料与实用包装技术[M].北京:化学工业出版社,1996.
[10] 彭国勋.物流运输包装设计[M].北京:印刷工业出版社,2006.
[11] 王建清.包装材料学[M].北京:中国轻工业出版社,2009.
[12] 刘春雷.包装材料与结构设计[M].2版.北京:文化发展出版社,2015.
[13] 杨玲,安美清.包装材料及其应用[M].成都:西南交通大学出版社,2011.